Excelで考える

統 計 学

山中　馨
天谷　永 ［著］
望月雅光

創成社

まえがき

　本書は，大学で学ぶ統計学の基礎的な事項を網羅している。近年，大学における教育方法には大きな変化があり，教員が一方的に学生に知識を教授する講義形式の授業は，あまり見受けられない。「統計学」のような，科学的手法を学ぶことを主な目的とする科目においても，単なる知識の修得だけでは，大学の授業としては，成り立たない。学生は，修得した知識を活用して，自ら課題を発見し，その解決に必要な思考力・判断力を鍛えることが求められ，また授業もそのような能力を育てる教育方法が取られるようになってきている。学生の主体的な学びを促進するアクティブ・ラーニングと呼ばれているものがそれである。アクティブ・ラーニングには，ジグソー，TBL（Team Based Learning），PBL（Problem/Project Based Learning）をはじめとして，さまざまな教育方法が提案され試行されているが，その多くが知識の獲得は授業以前の学生の予習に任せ，授業内ではもっぱら思考力，判断力，チーム力などを鍛えることが主眼となっている。本書は，以上のような大学教育の現状に即し，講義としての教科書としてはもちろんであるが，アクティブ・ラーニングにおける予習教材もしくは，授業中のコンピュータ実習教材としても十分に役立つように工夫をしている。

　本書の特徴としては，（1）統計の知識を一方的に述べる記述方法をとらず，章の始めは「考えてみよう」とまず読者に問いかける形式とし，学問的な詳しい記述は後ろの「解説」にまわした。（2）本文の記述は原則として統計学の知識の活用ができることを主眼とした書き方とした。活用の道具として Ms Excel を採用し，その使用法につき解説した。人口ピラミッドの描き方，箱ひげ図の描き方なども詳述した。（3）単に結果のみを与えられ「こうしなさい」では納得できない問題意識をもった学習者のために章末に「□ さらに勉強したい人のための参考資料」として式の導出過程，Excel 関数の詳細，少々レ

ベルの高いトピックなどを解説した。（4）著者らが十数年，大学で教えた経験から把握している学生に共通の誤りや理解の難しい箇所について本文中に【注】や【例】として解説した。（5）統計学を学んでいる途中で「統計学って一体何の役に立つの？」との疑問が教員に向けられることがある。このため第1章で「ビジネスと統計学」，第8章，第25章で「現代ファイナンス理論への応用」を紹介した。（6）大学の授業では，章末の練習問題がアクティブ・ラーニングの主課題になることを想定し，従来型の計算問題に加えて，思考力を要求する課題，実践する課題，シミュレーション課題などを盛り込んだ。

　読者には，本書を学んでデータに基づいた科学的な思考方法を身につけると共に，確信の意思決定ができる一人立つリーダーの成長を願うものである。

　最後に，本書を出版するにあたり大変お世話になった創成社の西田徹氏に感謝申し上げます。

2015 年 4 月

山中　馨（著者 3 名を代表して記す）

目　次

まえがき

第 1 章　社会における統計学の役割 ————————————— 1

第 2 章　Excel の基礎 ————————————————————— 7

第 3 章　データの種類とまとめ方 ——————————————— 17

第 4 章　母集団とサンプリング ———————————————— 29

第 5 章　分布の中心的位置の測度 ——————————————— 39

第 6 章　分布の変動の測度（その1）————————————— 55

第 7 章　分布の変動の測度（その2）————————————— 63

第 8 章　平均と標準偏差の現代ファイナンス理論への応用
　　　　　————————————————————————— 77

第 9 章　確率と確率分布 —————————————————— 87

第 10 章　主な離散分布（その1）——————————————— 99

第 11 章　主な離散分布（その2）—————————————— 109

第 12 章　正規分布（その1）————————————————— 117

第 13 章　正規分布（その2）————————————————— 127

第 14 章　標本分布と中心極限定理 ———————————— 137

第 15 章　推定の方法入門 ———————————————— 151

第 16 章　区間推定の方法 ———————————————— 159

第 17 章　t 分布による推定 —————————————— 165

第 18 章　差の推定 —————————————————— 175

第 19 章　仮説検定（その 1 ）—————————————— 187

第 20 章　仮説検定（その 2 ）—————————————— 197

第 21 章　適合度検定と独立性検定 ———————————— 205

第 22 章　分散分析 —————————————————— 215

第 23 章　相関分析 —————————————————— 225

第 24 章　回帰分析 —————————————————— 235

第 25 章　相関分析，回帰分析の現代ファイナンス理論への応用
———————————————————————————— 251

参考文献　259
索　　引　261

第 1 章

社会における
統計学の役割

考えてみよう1－1
　新聞の経済記事，社会記事など，または自分の身の回りで統計に関すると思われる事例を挙げなさい。

2 ——◎

解答 1 − 1
ANSWER

(1) 現代は少子高齢化社会といわれ，1人の女性が一生の間に産む子供の数とみなされる出生率は，1.43（2013年）といわれています。これは合計特殊出生率と呼ばれていて15歳から49歳までの女性の出生数を統計処理して算出した数値です。

(2) 選挙が近づくと新聞社や放送メディアが各政党の支持率や選挙結果の予想をします。また内閣支持率などは定期的に報道されています。これらはコンピューターがランダムに選んだ電話番号に電話をかけて調査し得られたデータを統計処理した結果です。このような方法はRDD（Random Digit Dialing）法，またはRDS（Random Digit Sampling）法と呼ばれています。大体1,000件から3,000件の電話番号をランダムに作って電話し回答を得ています。

(3) スーパーやコンビニのレジでは代金の支払いにPOSと呼ばれるシステムが稼動しています。POSとはPoint of Sales（販売時点情報管理システム）の略で，自動的に物品販売の売上実績を単品単位で集計できるコンピューター・システムのことです。POSシステムは主に，スーパーマーケットやコンビニエンスストア，外食産業，ガソリンスタンド，ホテル，ドラッグストアなどのチェーンストア等で導入されましたが，年々その機能が進化して最近では簡易版が一般商店などにも普及しています。単品ごとの売上実績を統計処理して売上予測を行い，仕入れのデータとして活用しています。

1−1 記述統計学と推測統計学

▽記述統計学（descriptive statistics）

統計学には大きく分けて2つの分野があります。記述統計学と推測統計学です。

解答1-1の例ですと，政党支持率を算出する場合，例えばRDDの回答数

第 1 章　社会における統計学の役割　◎── 3

1,864 人中 327 人が A 政党を支持すると回答した場合，その比率を A 政党の支持率と公表します。または POS で何月何日の B メーカーのチョコレート製品 C が 35 個売れ，次の日は 26 個売れ，その週の 1 日平均は 28.6 個であったと算出します。

　このような統計の方法は「**記述統計学**（descriptive statistics）」と呼ばれます。すなわち大量のデータの集団からその集団の特徴や傾向を明らかにする目的で使用される統計の方法です。合計特殊出生率の場合は 15 歳から 49 歳までの全女性の出生数から算出された出生率です。このように集団全体を対象にして集団の特徴を明らかにするのも記述統計学の役割です。

▽推測統計学（inferential statistics）
　ところで A 政党の支持率は RDD の回答数 1,864 人の比で良いのでしょうか。全国の有権者全体を調査していません。もちろん国政選挙の場合，有権者は 1 億人以上いますので全員を対象にした調査は無理です。しかし，RDD の回答数 1,864 人の中での比は，全有権者 1 億人の場合と当然同じとは考えられません。そこで全有権者の支持率を推測する必要があります。このような推測の方法を教えるものが「**推測統計学**（inferential statistics）」です。すなわち集団の一部のデータから集団全体の特徴や傾向を明らかにする目的で使用される統計の方法です。

　この教科書では前半の 2 章から 13 章までを記述統計学にあて，後半の 14 章から 25 章までを推測統計学の説明にあてます。

1－2　統計学の思考方法

　POS データのように今日の売上から明日の売上を予測して仕入れを決定しなければならないとか，少ないデータから全体を明らかにしなければならないという状況は社会生活のあらゆる場面に登場する事例です。

　そのようなときに単なる勘や経験でこの程度だろうと推測するのでなく，統計学の知識があれば，現在もっている少数のデータから科学的に予測すること

ができます。この意味で統計学は社会生活の上で合理的な根拠のある意思決定をするためになくてはならない手法です。

また，学問上も多様な分野で用いられており，経営学，経済学をはじめとして，医学，農学，物理学，化学，心理学，教育学など自然科学，人文・社会科学全般で重要な位置を占めています。

1－3　ビジネスと統計学

現代の企業はビジネス環境の変化スピードが激しく，時々刻々と変わる状況の中ですばやく正確な判断をして的確な経営戦略を立て，勝ち残っていかなければいけません。そのような企業活動のあらゆる場面で用いられているのが統計学です。統計学の活躍の現場の例を見てみましょう。

(1) 経営企画

長期経営計画の立案，例えば，出店計画の場合にはその土地の住民などターゲットとなる客層の年齢構成等の調査，家計の調査，住宅着工数，他店舗状況調査などがあり，統計処理が必要です。

(2) 研究・開発

研究そのものでは，前節で述べたようにさまざまな学問分野で統計によりエビデンス（証拠）を提示し結論を導くことが必要です。また，研究プロジェクトの設置では，必要経費，人員数，熟練度，設備計画，期間の設定予測などについて統計処理が必要です。

(3) 財務管理

その企業の売上高や利益率はどのように変化しているか，また企業の継続性を示す自己資本比率はどう変化しているのか，資本投資による利益などの資本投資効果の予測など，さまざまな面について統計処理が必要です。

(4) 品質管理，生産管理

生産スケジュールの立案と管理，保守，運搬，原材料の取り扱いなど，また，生産活動における製品の品質の保証と管理（QC, quality control），生産効率の向上のための改善策における生産現場の調査などについて統計処理が必

要です。

(5) 販売・商品管理

POS による売上管理と予測，新製品の売上履歴から見た消費者の嗜好動向や今後の売上高予測，流通チャネルの決定，必要販売店数や販売員数の算出などについて統計処理が必要です。

(6) 営業活動

顧客データ管理と営業成績データの管理・分析，販売計画立案における予測などについて統計処理が必要です。

第2章
Excel の基礎

この「統計学」では表計算ソフトである Excel を使用します。そのために，まず Excel の操作について概要を述べます。

8 —◎

　統計学はたくさんのデータを取り扱わなければいけません。以前はそろばん
や電卓で苦労していたデータの加減乗除などの計算は今日では Excel などの表
計算ソフトを用いれば簡単にできます。また Excel には数値の計算機能の他
に，グラフ描画機能もあり複雑なデータの可視化が容易です。さらには統計分
析のためのツールや関数が多数用意されています。

　このような理由から，この教科書では統計学の理論を説くだけではなく，
Excel の機能を最大限に使って，現実のさまざまな問題に統計手法を駆使でき
るようになることを目標設定して統計手法の解説を進めていきます。

　以下に Excel の基礎的な機能を概説します。

▽ Excel 画面（2013 バージョン，他のバージョンについては本文参照）

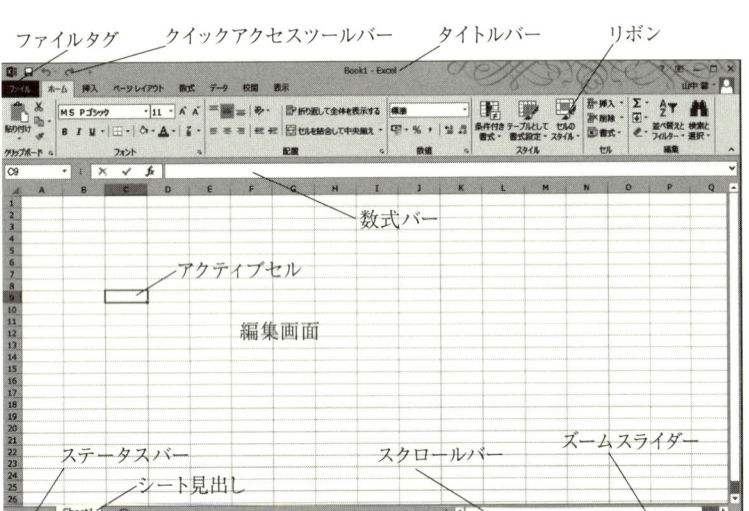

- ❖ **タイトルバー**：編集中のファイル名が表示されています。ファイル名をつ
  ける前は自動的に Book1（または 2, 3 など）と表示されます。
- ❖ **ファイルタグ**：「情報」「新規作成」「開く」「名前を付けて保存」「印刷」
  「閉じる」などの主にファイル操作や印刷に関わる基本コマンドがありま

第2章　Excelの基礎　◎── 9

す。

❖ **クイックアクセスツールバー**：［保存］や［元に戻す］などのよく使うコマンドがアイコンで表示されています。

❖ **リボン**：編集操作，計算などすべての Excel 操作に必要なコマンドが配置されています。リボンの内容の切り替えは上にあるタグ「ホーム」「挿入」「ページレイアウト」などで行います。

　なお，Excel2010 よりも前のバージョンではメニューバー，ツールバーと呼ばれ，メニューが基本でありリボンと見かけや機能の種類が異なります。

❖ **数式バー**：計算式を入力する場所です。

❖ **アクティブセル**：値を入力しようとするセルです。「行」は 1，2，…で表し，「列」は A，B，…で表すのが標準です。したがって，例えば左図のセルは「C9」として「列行」の組み合わせで認識されます。

　なお，列を A，B 表示から 1，2 表示とすることも可能です。

❖ **シート見出し**：シートの内容を示すタイトルを表示します。デフォルト（初期設定）では Sheet1（または 2，3 など）となっていますが，ユーザーが適宜名前を変更して使用します。シート名上でマウスを右クリックして「名前の変更」を選び，名前をつけることができます。2 枚目以降のシートを加える場合は右隣にある⊕のアイコンをクリックします。

❖ **スクロール バー**：編集中のワークシート内の表示位置を変更します。

❖ **ズーム スライダー**：編集中のワークシートの表示倍率を変更します。

❖ **ステータス バー**：編集中のワークシートに関する情報が表示されます。

　なお，Excel のバージョンが異なる場合でも，リボン（またはメニュー）の配置や見かけは異なりますが，この統計学で使用する基本的な機能は同じです。ただし，関数名については，Excel2010 で大幅な変更が施されていますので，それ以前のバージョンでは注意が必要です。

2−1 主な操作手順

▽文字列の入力

　入力したいセルをマウスクリックでアクティブセルにし，文字入力をします。Ms Word と同等の文字の種類が使用可能です。右隣のセルが空の場合，長い文字列では右隣のセルにはみ出して表示されますが気にする必要はありません。

　入力した文を 1 つのセル内ですべて表示する場合は，リボン「ホーム」にある「配置」内の「折り返して全体を表示する」をクリックします。

▽数値の入力

　数字の場合は半角が原則です。Excel の機能により全角を入力しても半角に変換されますが，「かな漢字変換機能」を off にして直接入力する方が入力作業の効率が良く楽に行えます。

【注】なお，数字は数値として認識されますので 08 と入力しても 8 になります。もし 08 と表示したいならば '08 と数値の前に '（単一引用符，アポストロフィ）をつけます。

▽計算を行うための数式入力

　計算を行う場合は最初に「＝」を入力します。式は原則として「数値を入力するのではなく数値の入っているセル番号（例えば C6 など）を用いて」構成します。セル番号は，キー入力でもできますが，そのセルをマウスクリックすることで指定する操作を基本にしてください。

【注】Excel を使用する早い段階から，「計算は数値でなくセル番号を用いる」という大原則に慣れるようにしてください。この習慣がついていないと後々複雑なデータ分析の作業で Excel 機能を有効に使えず苦労することになります。

【例】セル A2 に数値 15 があり，B2 に数値 23 があり，15+23 を行うには，=A2+B2 とします。

●数式で使用する演算記号

① 加算	+	② 減算	−	③ 乗算	＊
④ 除算	/	⑤ べき乗	^	⑥ 括弧	()

【注】括弧は何重の括弧でも⑥の記号です。｜ ｜や [ ] は使用しません。

第2章　Excelの基礎　◎── 11

●演算の優先順位

　計算式の中に複数の演算記号が混在している場合は次の優先順位で計算が行われます。

　（i）べき乗　　（ii）乗算，除算　　（iii）加算，減算

　括弧があれば括弧の中が優先されます。

【例】$a + \dfrac{b \times c}{d+e}$ の計算ならば =a+b＊c/(d+e) と入力します（ただし，a, b, c などはそれぞれの数値のあるセル番号とします）。

【注】これを =a+b＊c/d+e としてしまう誤りが多く見受けられます。これは，$a + \dfrac{b \times c}{d} + e$ の計算になってしまいます。また演算の優先順位から =a+(b＊c/(d+e)) とする必要はありませんが，この場合は，このように入力しても間違った計算ではありません。

▽データの移動

　移動するセルまたは複数のセルをマウスドラッグで指定し，マウスポインターが白抜きの矢印に変わったら移動先までマウスでドラッグすると移動ができきます。

　または，移動したいデータ群をマウスドラッグして Ctrl キーを押しながら X キーを押すと，そのデータ群が切り取られます。それを移動先の最初のセルに Ctrl と V キーの両方のキーを押下して張り付けます。

▽データの複写

　元のセルにデータを残して他のセルにデータを「移動」するのが「複写」です。複写するセルまたはセル群をマウスで指定し，マウスポインターが白抜きの矢印に変わったら複写先まで Ctrl キーを押しながらマウスでドラッグすると複写できます。

　または，移動したいデータ群をマウスドラッグして Ctrl キーを押しながら C キーを押すと，そのデータ群がメモリーにコピーされます。それを移動先の最初のセルに Ctrl と V キーの両方のキーを押下して張り付けます。

▽連続データの作成

　初期値と増加させた値を次のセルに入力したあと，マウスドラッグで2つの
セルを範囲指定します。次にマウスをアクティブセルの右下の小さな■に置き
ます。するとマウスポインターの形が黒の十字（「フィルハンドル」という）にな
ります。この黒の十字になったら，そのフィルハンドルを最終値までドラッグ
します。

　数値の増分が1で連続であるならば，まず初期値（例えば1）を入力したあ
と，Ctrl キーを押しながらフィルハンドル（黒の十字）をマウスでドラッグす
ると連続データが作成できます。

　Excel では以上で述べた操作方法に，別の方法が存在する場合も多くありま
すがここで示した方法は最も簡単な方法です。

2-2　相対参照と絶対参照

▽相対参照

　Excel では原則として，計算式や関数式を他のセルに複写すると，そのセル
を基準にした配置のセル番号に合った式になるように，セル番号が自動的に変
換されます。アクティブセルを基準にして，その基準セルからの相対位置で変
化しますので，このような参照の方法を相対参照と呼びます。

▽絶対参照

　計算式や関数式を他のセルに複写してもセル番号が変わらないように固定す
る仕組みを絶対参照といいます。絶対参照とするには行番号，列番号の前に記
号の $ をつけます。

【注】　$ をつけるには手入力でもかまいませんが，ファンクションキーを使用するのが簡単
　　　です。セル番号の入力のときに，ファンクションキー「F4」を押下すると自動的に $ 記
　　　号がつきます。1回目の押下で行番号と列番号の両方に $ がつき，2回目の押下で列の
　　　み，3回目の押下で行のみが絶対参照となります。4回目の押下では $ 記号が取れて，
　　　相対参照になります。

第 2 章　Excel の基礎　◎── 13

【例】セル A2 の場合
1．絶対参照は　$A$2 と表します。
2．$A2 では A は固定ですが 2 は相対的に変化します。
3．A$2 では 2 は固定ですが A は相対的に変化します。

2−3　Excel の関数

　リボンの「数式」タグをクリックすると「関数ライブラリ」があります。その左端に「関数の挿入」があります。または数式バーにある「f_x」をクリックすると，同じ「関数の挿入」ウインドウが開きます。そこで，使用したい関数を選択します。統計学で使用する基本的な関数を以下述べます。

▽ SUM

　合計をとる関数です。リボン「ホーム」→「編集」にあるアイコン「Σオート SUM」から操作します。またはリボン「数式」→「関数ライブラリ」の「オート SUM」から操作します。
　合計を表示したいセルをまずクリックして，このアイコンをクリックすると自動的にデータを選択して合計値を出します。指定されたデータでない場合は，マウスドラッグで合計をとるセル群を変更できます。

▽ MAX

　データの中の最大値を求める関数です。まず最大値を表示したいセルをクリックします。次に数式バーにある「f_x」をクリックし，「関数の挿入」ウインドウを開きます。「関数の分類」として「統計」を選び，アルファベット順に示されたリストの中から MAX を選択します。
　「数値 1」の空欄にマウスドラッグでデータを選択して，データ列を表示します。このとき Excel が自動的にデータ列を判断していればそれを確認します。「数値 2」は空欄のままで構いません。よければ「OK」ボタンを押します。

14 ──◎

▽ MIN

データの中の最小値を求める関数です。操作は上記の MAX 関数と同様です。

▽ AVERAGE

データの（算術）平均値を求める関数です。操作は MAX 関数と同様です。

その他の関数は以後の章の中で必要に応じて説明します。

2-4　その他の主な機能

▽データの並べ替え

リボン「ホーム」→「編集」にある「並べ替えとフィルタ」から操作します。昇順（小さい順）や降順（大きい順）が選択できます。文字の並べ替えも可能です。

▽グラフの作成

リボン「挿入」→「グラフ」からグラフの種類を選択して操作します。この教科書で最も良く使用する個所です。グラフのデザインやタイトル入力は，グラフをマウスクリックで指定したときに表示されるタグ「グラフツール」から行います（グラフ描画の方法は Excel2013 から大きく変わりましたが，機能の表示箇所の変更ですので以後の説明は Excel2010 以前でも同様です）。

●横軸のデータ指定の方法

1．「グラフツール」→「デザイン」から「データ」「データの選択」をクリックし，「データソースの選択」ウインドウの「横（項目）軸ラベル」にある「編集」ボタンをクリックします。

2．「軸ラベルの範囲」に表示したいデータのセル群をマウスドラッグで指定し OK ボタンをクリックします。

●グラフタイトル，横軸・縦軸ラベルの挿入

1．グラフの横にあるアイコン ⊞ をクリックします。

2．「グラフ要素」のサブウインドウが現れるので，「軸ラベル」と「グラ

第 2 章　Excel の基礎　◎── 15

フタイトル」にチェックを入れます（Excel2010 以前ではグラフツールタグ
内にあります）。

3. 「軸ラベル」と「グラフタイトル」の場所が生成されるので，軸ラベ
ルとグラフタイトルをその場所に入力します。

　なお，これ以外のグラフ描画の方法は，必要に応じて後ろの章の中で説明し
ます。

▽分析ツールのアドインの方法
　Excel には統計解析用に多くの優れたツールが利用できる「分析ツール」と
呼ばれるツールが用意されています。それを自分の Excel のリボンに組み込ん
で使用できるようにします。以下に組み込み（アドイン）の手順を示します。
　①　「ファイルタグ」をクリック
　②　下の「オプション」をクリック
　③　「アドイン」をクリック
　④　下の「管理（A）」ボックスが「Excel アドイン」になっていることを
確認
　⑤　「分析ツール」をクリック
　⑥　「管理（A）」ボックスの横にある「設定」ボタンをクリック
　⑦　別ウインドウが開くので「分析ツール」にチェックを入れて「OK」を
クリック
　一度アドインを行えば，その後は上の操作は必要ありません。

▽分析ツールの使用法（基本統計量を求める例）
　①　リボン「データ」「分析」→「データ分析」をクリックし，分析ツール
の「基本統計量」を選択し「OK」をクリック
　②　「入力範囲」に分析したいデータ列をマウスでドラッグして入力
　③　「統計情報」にチェックを入れます
　④　結果を表示したい場所の最初のセル番号を「出力先」にマウスクリック

で入力

⑤ 「OK」ボタンを押します

第2章 練習問題

【問題2−1】

総務省統計局のホームページ（URL は http://www.stat.go.jp/）から，「統計データ」→「分野別一覧」→「人口推計」→「推計結果」「統計表一覧」→「長期時系列データ」→「都道府県」「5　都道府県別人口（各年 10 月 1 日現在）− 総人口，日本人（平成○○年〜 XX 年）」をクリックし，アイコン Excel をクリックして，ファイルをダウンロードし保存しなさい。

(1) その統計表から全国の総人口の変化を折れ線グラフで描画しなさい。横軸，グラフタイトルを表示し，凡例は表示しない。また，グラフから日本の総人口の変化の特徴を検討しなさい。

(2) 最新年の都道府県別の総人口について
   (ア) 県別の総人口を棒グラフで描画しなさい。横軸は県名とし横軸ラベル，グラフタイトルを表示し，凡例は表示しない。
   (イ) Excel 関数を用いて県別人口の最大値，最小値を求め，その県名を調べなさい。
   (ウ) 並べ替えの機能を用いて，人口数の小さい県から大きい県へと昇順に県名と人口総数の並べ替えを行い，棒グラフで表示しなさい。

第 3 章
データの種類とまとめ方

考えてみよう3－1

　次の数値は20人の学生の1カ月の携帯電話料金の額です。人によって額が随分違いますが，その違いがわかるようにグラフで描画しなさい。

10000	7000	16300	24600	15200
2468	5200	6200	12000	3700
4662	8000	8000	10000	9000
8000	12000	11000	9000	5000

解答3－1

ANSWER

　さっそくデータを扱う問題ですので，Excel によって描画する方法を記述します。

●**Excel での操作方法**

1．まず，20 個のデータを A 列に上から順次下に入力していきます（ここで示す A 列や 1, 2 の行は 1 つの例示です）。

	A
1	10000
2	7000
3	16300
4	24600
5	15200
6	2468

2．最大値と最小値を求める。

　(1) 次にこれらのデータの最大値と最小値を求めるために Excel 関数の MAX () と MIN () を使います。

　　① 「数式バー」にある「f_x」アイコンをクリックするか，もしくは「リボン」の「数式」→「関数ライブラリ」「関数の挿入」を選び，「関数の挿入」ウインドウを出します。

　　② 「関数の分類」を「統計」として最大値の場合は MAX，最小値の場合は MIN を選びクリックし「OK」ボタンを押します。

　　③ 「数値 1」の欄に A 列のデータを上から下までマウスでドラッグしてデータ範囲を入力します。欄には「A1:A20」の表示が出ます。または，A1:A20 と直接キーボードから入力しても同じです。

④　次に「OK」ボタンをクリックすると MAX の場合はデータの最大
　　値を，MIN の場合は最小値が表示されます。最大値は 24600，最
　　小値は 2468 と求められます。

(2)　別の方法として，「データ」「分析」からアドインした「分析ツール」を
　選び「データ分析」ウインドウを出します。「基本統計量」を選び，入
　力ウインドウを出します。
　「入力範囲」にデータ全体をマウスでクリックして指定します。この場
　合は A1:A20 が表示されます。「統計情報」にマウスでチェックを入れ
　た後，出力先に出力情報を表示させたい最初のセルをクリックします。
　空白のセルで良いので，例えば C1 とします。「OK」ボタンを押しま
　す。結果を見ると最大が 24600，最小が 2468 となっています。

3．次に電話料金を 2000 円間隔で区切ります。表 1 のように「以上」と「未
　満」とタイトルをつけた 2 列を作ります。

(1)　一例として 2000 円以上 4000 円未満，4000 円以上 6000 円未満などと区
　切って最高値を 26000 円とします。表 1 を参照してください。

(2)　「以上」の列は 2000，4000 と入力してフィルハンドルを使ってマウスド
　ラッグして 24000 まで作ります。

(3)　「未満」の列は同様に 4000 から 2000 間隔で，マウスドラッグで 26000
　まで作ります。

4．次に 2000 円ごとの区分間隔（「階級」と呼ぶ）の真ん中の値を「階級値」と
　して次の列に加えます。

(1)　行と列が表 1 のようなセル配置であると仮定して，最初の行の階級値は
　G2 に次の式によって求めます。セル番号の入力は，そのセルをマウス
　クリックすることで行ってください。
　＝(E2+F2)/2

(2)　最初の行が求まれば，後はフィルハンドルを使ってマウスドラッグに
　よって最終行までの階級値を求めます。

表1 携帯電話料金の度数分布表

	E	F	G	H	I
1	以 上	未 満	階級値	度 数	相対度数
2	2000	4000	3000	2	0.1
3	4000	6000	5000	3	0.15
4	6000	8000	7000	2	0.1
5	8000	10000	9000	5	0.25
6	10000	12000	11000	3	0.15
7	12000	14000	13000	2	0.1
8	14000	16000	15000	1	0.05
9	16000	18000	17000	1	0.05
10	18000	20000	19000	0	0
11	20000	22000	21000	0	0
12	22000	24000	23000	0	0
13	24000	26000	25000	1	0.05

5．度数のカウントの仕方

2000円ごとのそれぞれの階級の額を支払っている学生の数（「度数」と呼ぶ）を数えます。

(1) 度数を数えるには関数の COUNTIFS を用います。

① 最初に「度数」という項目を作ります。

② 度数の列の最初のセルをクリックしておきます。「関数の分類」の「統計」から COUNTIFS を選び，COUNTIFS の入力ウインドウを出します。

③ 「検索条件範囲1」は絶対参照の範囲 \$A\$1:\$A\$20 とし（マウスドラッグで範囲を指定後にファンクションキー F4 を押す），「検索条件1」には「" > = "&E2」とします。ここで「E2」は最初の階級の最低値（つまり「以上」の値）2000 を示しているセルの番号を仮定しています。したがって，「" > = "&E2」はセル E2 に示している 2000 以上を意味します。

第3章 データの種類とまとめ方 ◎── 21

④ 次に,「検索条件範囲2」には,同じ範囲を絶対参照として $A$1:$A$20 とし,「検索条件2」には「"＜"&F2」とします。ここで「F2」は最初の階級の最高値(つまり「未満」の値)4000 を示しているセルの番号です。したがって,「"＜"&F2」はセル F2 に示している 4000 未満を意味します。

⑤ 数式バーには「=COUNTIFS($A$1:$A$20,">="&E2,$A$1:$A$20,"<"&F2)」と表示されます。Enter キーを押下すれば関数 COUNTIFS は 2000 以上 4000 未満のデータの数をカウントして出力します。

⑥ この後,フィルハンドルを使って最終階級までドラッグしすべての階級について求めます。このようにして,前頁の表1が得られました。

(2) 度数を数えるにはこの方法以外に直接度数をカウントする方法があります。以下の方法については参考資料として章末に後述します。

① 関数 FREQUENCY による方法

② 分析ツールの「ヒストグラム」による方法

6. 最終列の相対度数とは度数の合計でそれぞれの階級の度数を割ったものです。解説を参照してください。

図1 授業履修者の1月の携帯電話料金のヒストグラム

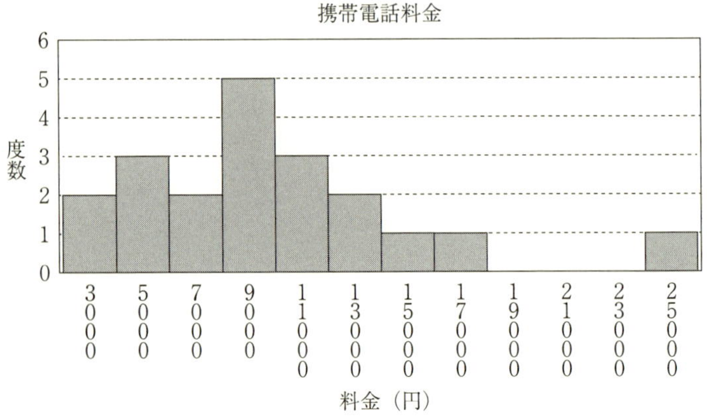

携帯電話料金

料金(円)

この表に基づいて携帯電話料金の学生数（度数）の散らばり具合（「分布」と呼ぶ）を描いたグラフ（「ヒストグラム」と呼ぶ）が図1です。図をみると階級値9000円のところをピークにして高い方へ伸びた分布を示しています。

●Excel によるヒストグラムの描き方

① 描画したいデータ（この場合は表1の「度数」のデータ）をマウスでドラッグして指定します。

② メニューから「挿入」「グラフ」→「縦棒」→「2-D 縦棒」「集合縦棒」を選択します。

③ 料金を横軸に表示させるために「グラフツール」「デザイン」→「データの選択」を選んで「データソースの選択」ウインドウを出します。「横（項目）軸ラベル」の「編集」ボタンをクリックして，「軸ラベルの範囲」に階級値の列をマウスでドラッグして指定します。「OK」ボタンを押してウインドウを閉じます。

④ 横軸のラベルは，グラフの横にあるアイコン ⊞ をクリックし，「軸ラベル」にチェックを入れます。グラフに現れた横軸ラベルの「軸ラベル」の部分に「料金（円）」と入力します（Excel2010 以前はグラフツールにある）。

⑤ 縦軸ラベルは「軸ラベル」の部分に「度数」と入力します。

⑥ 同様にして「グラフタイトル」の部分に「携帯電話料金」を入力します。もし「グラフタイトル」がなければ，アイコン ⊞ をクリックし，「グラフタイトル」をチェックします。

⑦ グラフの縦棒のどれかをクリックすると「グラフツール」「書式」の「現在の選択範囲」で「グラフ要素」を示すボックスが「系列1」となります。このグラフ要素ボックスをマウス操作で「系列1」と選択しても同じです。

⑧ ボックスの下の「選択対象の書式設定」をクリックすると「データ系列の書式設定」が画面の右に現れます。

⑨ 「系列のオプション」の「要素の間隔」をスライダーで「0％」にしま

第3章　データの種類とまとめ方　◎── 23

す。

⑩　「系列のオプション」にある「塗りつぶしと線」のアイコンをクリック
します。「枠線の色」を「線（単色）」とし，色を黒に指定して，閉じま
す。

解　　説　　　　　　EXPLANATION

3-1　生データと階級別データ

「考えてみよう3-1」で提示されたようなデータは20人の携帯電話料金の
1人ひとりの値であり，このような直接得られたデータのことを「**生データ**
（raw data）」と呼びます。また，観測された値であるので，このような値のこ
とを「**観測値**（observation）」ともいいます。1人ひとりごとに違う値をとるこ
とから「**変数**（variable）」という言葉も使われます。

「データ」とはこのような変数の集まりを指します。例えば第1章で述べた
ように，新聞社やTV局で行う世論調査の場合，RDD（Random Digit Dialing）
法により電話番号を乱数発生させて電話調査をしますが，そこではおおよそ
1,000〜3,000人の観測値が「データ」として得られることになります。

しかし，このようなデータからある結論を導き出そうとすると，その大量の
観測値をどうにかしてまとめて，結論に導くまでに統計的処理が必要となりま
す。そこで，よく行われるのがデータの整理として，観測値をいくつかのグ
ループ（「**階級**」（class）と呼びます）に分ける方法です。「階級」に分けられた
データの例が表1です。このように整理されたデータのことを「**階級別データ**
（classified data）」と呼びます。

3-2　階級値と階級下限，階級上限，階級間隔

それぞれの階級の下の値を「**階級下限**」，上の値を「**階級上限**」，総称して
「**階級限界**」と呼び，階級の中点を「**階級値**」と呼びます。したがって階級値

は

$$階級値 = \frac{階級下限 + 次の階級の階級下限}{2}$$

として求められます。なお，表1で階級値を求める際には，（階級下限＋階級上限）/2の計算をしていますが，これは上の定義式で求めた場合，最終行に「次の階級下限」がないため，Excelでは正しい計算ができないことになるので，便法として用いています。

また，それぞれの階級の範囲（幅のこと）は「**階級間隔**」と呼び

$$階級間隔 = 次の階級の階級下限 - 階級下限$$

として求められます。

通常は階級の範囲は表1にあるように階級下限"以上"で階級上限"未満"を意味しています。しかし，人口の年齢構成のようなデータでは，例えば表1の1行目が0歳から4歳，次の行が5歳から9歳と表示される場合もあり注意が必要です。この場合は，1行目では4歳11カ月までが入りますので4歳未満ではなくなります。上の階級値と階級間隔を求める定義式はそのような場合も考慮して適用できる式です。

3-3　連続型変数と離散型変数

表1の場合，4000円未満はすなわち3999円以下ですが，このようにいえる数値のことを「**離散型変数**（discrete variable）」と呼びます。つまり3999の次は4000であり，3999.123などのような中間の値はありません。

一方，どのような値でも連続にとり得る数値を「**連続型変数**（continuous variable）」といいます。連続型変数の場合には3999以下のようには言いかえられません。その意味でも階級上限は原則的に"未満"であらわすのが良いでしょう。

離散型変数は子供の数や学生数，事故数など計数して（数えて）得られる数値です。一方，連続型変数の例は身長や体重，温度，時間などで測定して得ら

第3章　データの種類とまとめ方　◎── 25

れる数値があります。

　統計学においては，連続型変数と離散型変数では扱いが大きく異なる面がありますので注意しなければいけませんが，この章での議論はそれほど変数の型に左右されません。

3－4　階級度数と累積度数，相対度数

　それぞれの階級の範囲に入るデータの数（表1の場合は学生数）を「**階級度数**」または単に「**度数** (frequency)」といいます。その度数を小さいほうからその階級まで合計して得られた度数を「**累積度数** (cumulative frequency)」と呼びます。

　「**相対度数** (relative frequency)」とは全体に占める割合のことです。表1の例では度数の合計が 20 であり，すべての度数を合計して比を求めます。したがって，この例では 20 との比を「相対度数」と呼びます。

●相対度数の求め方

① 表1で，項目「度数」の最終行の次の行（この例では 14 行，セルは H14）に，「編集」にある「Σオート SUM」をクリックし合計を求めます。

② 相対度数の最初の行に（例えば）「=H2/$H$14」とし，合計との比を求めます。ここでは「度数」の最初のセルを H2 とし，度数の合計の示されているセルを H14 としています。ただし，次の③の操作を行うために合計のセルは，ファンクションキー F4 で絶対参照とします。

③ 最初のセルの右下のフィルハンドルにマウスを移動させ，マウスポインターが黒の十字になったら，最終階級までそのままドラッグします。

●階級分けのルール

① 階級の数は全部で少なくても 5，多くても 15 程度とする。

② データのすべてを組み入れることができるようにする。

③ それぞれの数値が重複せず，ただ1つの階級に属するようにする。

④ 階級間隔が等しくなるようにする。

【注】時々見かける階級分けですが，例えば表1の場合に，最初の階級に下限をつけずに「4000 未満」とか，最上階の階級に上限をつけずに「24000 以上」というようなオープンな階級を作ってはいけません。それは4のルールに反します。

3-5 度数分布とヒストグラム

統計学は現実社会を対象にします。するとこの例題のように，同じ1カ月の携帯電話料金でも均一でなく人によってまちまちな異なる値が出てきます。このような状態を統計学では「**分布している**」と表現します。表1はその異なる観測値がどのように分布しているかを示していますので，「**度数分布表**(frequency distribution table)」と呼びます。

またこの度数分布の様子をグラフに表したものが図1であり，「**ヒストグラム**（histogram，柱状図）」と呼びます。

【注】ヒストグラムは階級と階級の間に隙間のあるような縦棒グラフではなく（往々にしてこう描かれている場合も見受けられますが），図1にあるように隙間なく描きます。なぜならその階級の度数はその階級の下限から上限までをまとめた度数だからです。

さらに勉強したい人のための参考資料

●度数を直接カウントする方法

以下の2つの方法では上限を"4000 未満"などとするのではなく"3999 以下"のようにしておくことが必要です。

1. 関数 FREQUENCY による方法
    (1) 「数式」「関数ライブラリ」→「関数の挿入」から「関数の挿入」ウインドウを出し，「関数の分類」「統計」から「FREQUENCY」を選ぶ。
    (2) 「関数の引数」ウインドウで「データ配列」にデータのある列をドラッグして指定，「区間配列」に，3999 以下で示した階級上限の列をドラッグして指定し「OK」ボタンを押す。
    (3) 度数の最初のセルに2が表示される。
    (4) 度数の列のすべての階級のセル（2と表示してある最初のセルも含めて）をマウスでドラッグして指定する。
    (5) 「F2」キーを押す。

第3章　データの種類とまとめ方　◎── 27

(6)「Ctrl」と「Shift」を押しながら「Enter」キーを押す。

2．分析ツールの「ヒストグラム」による方法
  (1)「データ」「分析」からアドインしてある「データ分析」をクリックする。
  (2)「データ分析」ウインドウから「ヒストグラム」を選ぶ。
  (3)「ヒストグラム」ウインドウの「入力範囲」にデータのある列をドラッグして指定する。
  (4)「データ区間」に階級上限の列をドラッグして指定する。
  (5)「出力先」にチェックを入れ出力できる空白のセルの先頭をクリックして指定した後，OK ボタンを押す。
  なお，この方法で得られるグラフは棒グラフであり，正確なヒストグラムとはいえません。

第3章　練習問題

【問題3-1】
  総務省統計局のホームページ http://www.stat.go.jp/ から，「統計データ」→「分野別一覧」→「総合統計書等」「日本の統計」→「日本の統計」→「本書の内容」→「第3章　国民経済計算」→「3-15　県民経済計算」とたどって Excel ファイルをダウンロードし，「一人当たり県民所得」について，県民所得の分布を度数分布表にまとめ，あわせて県の分布をヒストグラムに描きなさい。
  （注意）突出している県が1つあるので（東京都），なるべく細かな階級に分けること。

【問題3-2】
  「考えてみよう3-1」のデータを用いて，解答3-1と異なる階級区切りでヒストグラムを描き直しなさい。
  また，得られたヒストグラムと図1とを比較して，図が与える情報の違いを検討しなさい。

【問題３－３】

　周りの知り合い 30 人以上から携帯電話にかかる 1 カ月の料金を聞き取り調査して，その分布を度数分布表にまとめ，あわせてヒストグラムに描きなさい。

　また，得られたヒストグラムと図 1 とを比較して，その特徴や違いを検討しなさい。

第4章

母集団とサンプリング

考えてみよう4−1

　次の数値は統計学を履修している学生48人の1カ月の携帯電話料金です。この中からランダムに10人を選んでその10人の携帯電話料金の分布をヒストグラムに描きなさい。

10000	3700	5500	13500	5000
7000	4662	10000	8000	15000
16300	8000	10000	9000	14000
24600	8000	17000	10000	3500
15200	10000	6000	8000	15000
2468	9000	14000	9000	2500
5000	8000	5000	3963	5000
5200	12000	2952	4086	7300
6200	11000	6000	11500	
12000	8000	9000	6000	

解答4－1
ANSWER

　第3章の「解説」にあるような新聞社やTV局で行われるRDD方式では乱数を発生させて，その電話番号に電話をかけて調査をします。ここではそれに倣って乱数を発生させて10人を選ぶ方法をとります。

　乱数を発生させて10人を選ぶ前に表1のように「考えてみよう4－1」の観測値を1列に並べて順に番号を振ります。したがって，まず携帯電話料金の観測値をA列に縦に入力した後，列Aの表示部分「A」にマウスをもっていき，右ボタンクリックをします。表示されたメニューから「挿入」を選び，新たな列を電話料金の左側に作ります。新しい列を「番号」として，フィルハンドルの機能を用いて1から48までの連続の番号を振ります。

　その後，乱数を発生させてランダムな番号を10つくり，その電話料金を抽出します。

表1　携帯電話料金表

	A	B
1	番　　号	電話料金
2	1	10000
3	2	7000
4	3	16300
5	4	24600
6	5	15200

●Excelでの乱数の発生法

　Excelでの乱数の発生の方法は複数あります。ここではこの例題の場合に最もふさわしい方法を述べ，その他の方法については章末に参考資料として述べます。

1．空いているセル（例えばD2）をクリックします。

第4章　母集団とサンプリング　◎—— 31

2．「数式」「関数ライブラリ」→「関数の挿入」から「関数の挿入」ウインド
　ウを出します。

3．「関数の分類」は「数学／三角」とし「RANDBETWEEN」を選びます。
　指定された範囲で一様に分布する整数の乱数を発生させる関数です。

4．「最小値」を 1，「最大値」をこの場合のデータの個数である 48 とし
　「OK」を押し，乱数を 1 つ発生させます。

5．得られた乱数のセルのフィルハンドルをもちいて黒の十字ポインターを下
　に引いて乱数を 10 より少し多めに 13 程度作ります。

6．作った 13 のセルの列をコピーして，他の場所に値だけペーストします。
　このときはマウスの右ボタンクリックで「貼り付けオプション」の左から
　2 番目「123」と数値のあるアイコンをクリックします。または，「形式を
　選択して貼り付け」→「値」にチェックを入れ「OK」ボタンを押しま
　す。
　これは発生させた乱数のセルの値が Excel の操作のたびに値が変わってし
　まうことから，他の場所に固定した値としてコピーして使用するための操
　作です。

7．13 の乱数の中で値が重複しているものがあればそれを除きます。そのた
　めに「関数の分類」から「検索／行列」の「MATCH」を選びます。
　検索する乱数の横のセルで MATCH 関数を使用すると仮定して（例えば乱
　数が D2 から始まっているとする），「関数の引数」ウインドウの「検査値」に
　は，横のセルの D2 とします。「検査範囲」は，次のセルから乱数の最後
　まで（例えば　D3:$D$14）と，最後のセルは絶対参照にします。「照合の種
　類」は 0 を入力します。
　これでフィルハンドルをもちいて乱数の最後まで検索すると，同じ数値が
　ない場合は，"#N/A" となり，同じ数値が見つかった場合は，そのセルか
　ら何行下にあるかが数値で示されます。

8．13 の乱数の中で値が重複しているものがあれば重複した 2 番目の番号を
　削除し，重複のない 10 個の乱数の列をつくります。今，これが仮に表 2
　のように E2 から E11 にあるとします。

表2　乱数の抽出と観測値の検索結果

	D	E	F
1	乱　　数	抽出番号	料　　金
2	10	10	12000
3	7	7	5000
4	10	30	9000
5	30	38	4086
6	38	24	17000
7	7	36	9000
8	24	27	5000
9	36	19	11000
10	27	34	10000
11	19	17	8000
12	34		
13	17		

　以上のように乱数を発生させて，次にその乱数が示している番号の人の携帯電話料金を調べます。この例題のように10人程度なら，A，B列を見て番号と料金の組み合わせの中から目視で見つけて表を作ってもよいのですが，抽出数が多い場合には大変な作業になります。そこで以下のようにExcel関数を利用します。

●Excelでの検索の方法

　Excelには検索関数と呼ばれるものがいくつかあります。この例題の場合は第1列の番号をまず検索して第2列の電話料金を求めるというものですので，その目的に適した検索関数VLOOKUPの使用法を以下に説明します。以下の説明では表2のようなセル配置であると仮定しています。

① 乱数から確定した10個の番号の最初の右隣のセルF2をクリックして指定した後，「数式」「関数ライブラリ」→「関数の挿入」から「関数の

挿入」ウインドウを出します。「関数の分類」を「検索／行列」とし，「VLOOKUP」を選択します。

② 「関数の引数」ウインドウの「検索値」には左にある番号のセル E2 をクリック，「範囲」は調べたいデータのすべてですので番号と電話料金の2列を全部マウスのドラッグで範囲指定して $A$2:$B$49 とします。なお，次の操作のために"絶対参照"にします。「列番号」は，欲しい値の入っている列，今の場合は第2列目の電話料金ですので2とします。最後の「検索方法」は番号の完全一致で調べますので FALSE と入力します。

③ このようにしたセルの右下フィルハンドルから全番号の10についてマウスでドラッグして求めます。結果は表2のようになりました。

このように抽出した10個の携帯電話料金の度数分布を第3章と同様に作成してみます。この場合は第3章の解答との比較の意味もあり階級の分類は第3章と同じです。得られた結果が図1のようになりました。実は第3章の20人の電話料金とこの「考えてみよう4－1」での10人の料金とは同じ48人のデータから選んだものですが，随分と異なる分布の形が得られました。

図1 ランダムに選んだ10人の携帯電話料金の度数分布図

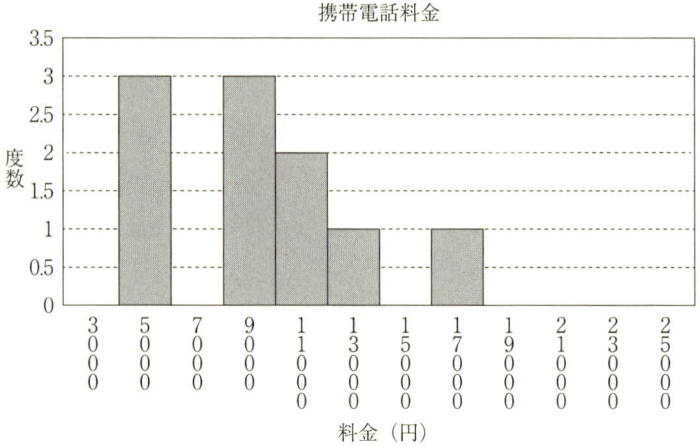

携帯電話料金

解　説
EXPLANATION

4-1　母集団と標本

　ある変数に対して得られた測定値の集合をデータセット（data set）といいます。この例題のように，調べたい対象の中からいくつかの観測値を取り出しデータセットをつくる作業のことを「**標本抽出**（sampling）」と呼びます。調べたい対象全体の集まりのことは「**母集団**（population）」といい，そこから抽出された観測値の集まりを「**標本**（sample）」といいます。

　現実の社会では新聞社の世論調査や選挙の予測調査でわかるように，調べたい対象すべて，例えば日本の有権者全員を相手にすることは無理ですので，この例題のように対象の母集団からサンプリングして標本をつくり，その標本を統計処理することにより母集団を推測するという方法を取ります。

　第 1 章で記述統計学と推測統計学の違いを述べましたが，標本の特徴を科学的に解明する手法が記述統計学であって，その結果に基づいて母集団の特徴を推測するのが推測統計学の役割ともいえます。

【**注**】統計学を勉強する上では，現在自分が勉強しているこの部分で扱っている対象は標本であるのか母集団であるのかを明確に意識して学んでいくことが大切です。ここを混同していると統計学の理解が困難になります。

4-2　母集団のとらえ方

　母集団は一律に決まっているものではなく，調べたい対象によって範囲が違ってきます。例えば S 大学の学生全体の身長を調べたいときには学生全体の身長の集まりが母集団であり，男子学生の身長の集まりは部分集合です。ところが S 大学生の男子の身長を調べたいときには男子学生の身長の集まりが母集団となります。

第4章　母集団とサンプリング　◎── 35

4-3　**標本の数え方**

　「考えてみよう4-1」のように48の電話料金の母集団から標本抽出（サンプリング）して10の観測値の集まりの標本をつくりました。この時つくった標本は1つです。図2にもあるように標本としては1つであって，10個の標本を作ったとはいいません。

　1つの標本が10個の観測値で構成されている場合，「**標本の大きさ**（size）」が10であるといいます。

図2　母集団と標本の関係

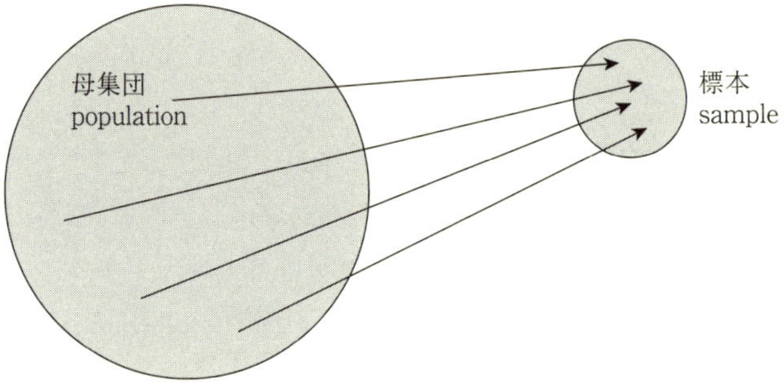

　図2に示すように母集団から標本を作るときには，母集団の一部分に偏った観測値の取り出し方では，母集団全体を反映しているものではなく標本としてふさわしくありません。偏ったサンプリングによる標本に基づく統計処理は，重大な誤りを誘発する可能性があります。

　サンプリングのときにはあくまでも偏らずに母集団の構成部分を等しい確率で抽出してくることが要請されます。このようなサンプリングの仕方を「**無作為抽出**（random sampling）」と呼びます。サンプリングの時に一様乱数を発生させて調査する方法は，この無作為抽出実現のための1つの手段です。なお，無作為抽出の方法には乱数発生法以外にも種々の方法があります。

さらに勉強したい人のための参考資料

●Excel でのその他の乱数の発生法

1. 関数 RAND を用いる方法
   (1)「数式」「関数ライブラリ」→「関数の挿入」から「関数の挿入」ウインドウを出し，関数の分類を「数学/三角」にして RAND を選ぶ。
   (2) この関数は 0 から 1 までの乱数を一様に発生させる関数であるので，「OK」をクリックした後，数式バーに表示されている「=RAND()」を「=RAND()＊48」として 0 から 48 までの連続変数の乱数の 1 つを発生させる。
   (3) 発生した乱数のセルのフィルハンドルを用いて 13 程度の乱数を発生させる。
   (4) 発生した乱数を整数にするために「数式」「関数ライブラリ」→「関数の挿入」から「関数の挿入」ウインドウを出し，関数の分類を「数学/三角」にして切り上げ関数の ROUNDUP を選ぶ。1 から 48 までの整数（離散型変数）の一様乱数を得るために，切捨てや四捨五入でなく切り上げを行います。
   (5)「関数の引数」ウインドウの「数値」を整数にしたい乱数の入っている最初のセルをクリックして指定し，「桁数」に小数点以下の桁数を指定する。この場合は整数であるので 0 とする。
   (6) フィルハンドルを用いてすべての乱数を整数にする。

2. データ分析ツールを用いる方法
   (1)「データ」「分析」からアドインしてある「データ分析ツール」をクリックして「データ分析」ウインドウを出し，「乱数発生」を選んで「OK」ボタンを押す。
   (2)「乱数発生」ウインドウの「変数の数」は発生させたい乱数の列の数であるので 1 とする。
   (3)「乱数の数」は欲しい乱数の数であるので 13 と入力する。

第 4 章　母集団とサンプリング　◎── 37

(4)「分布」を「均一」にする。

(5)「パラメータ」を 0 から 48 までとする。

(6) 出力するセルを指定して「OK」をクリックする。

(7) 出力された乱数は RAND の場合と同様に連続型変数であるので,
ROUNDUP 関数を用いて整数に変換する。

第 4 章　練習問題

【問題 4 − 1】

日本で最近, 調査会社などが多用するようになってきたサンプリングの方法としてインターネット調査（アンケート）があります。

(1) 無作為抽出の観点からインターネット調査（アンケート）がもつ問題点を挙げなさい。

(2) 上で挙げた問題点を解決し理想的な無作為抽出を行うためには, どのような方法が考えられますか。

【問題 4 − 2】

第 3 章練習問題 3 − 1 で使用した 1 人当たりの県民所得のデータを母集団として, 大きさ 20 の無作為標本を作り, その分布を度数分布表にまとめ, あわせてヒストグラムに描きなさい。

また, 無作為抽出によるデータと第 3 章で求めた母集団との分布の違い, 与える印象の違いなどについて検討しなさい。

【問題 4 − 3】

「考えてみよう 4 − 1」で使用した携帯電話料金データを母集団として大きさ 20 の無作為標本を作り, その分布を度数分布表にまとめ, あわせてヒストグラムに描きなさい。

また, 第 3 章の図 1 と比較し, 無作為抽出で得られる標本間の違いについて検討しなさい。

【問題 4 − 4】

練習問題 3 − 3 で作成した携帯電話料金データを母集団として大きさ 20 の無作為標本を作り, その分布を度数分布表にまとめ, あわせてヒストグラムに描きなさい。

また, 練習問題 3 − 3 で描いた母集団のヒストグラムと無作為抽出による標本のヒストグラムを比較し, その相違や同様な点などについて検討しなさい。

第 5 章

分布の中心的位置の測度

考えてみよう5−1

　下は第3章で用いた大きさ20の携帯電話料金の標本を示しています。この標本を特徴づける代表的な値として平均値，中央値，最頻値を求めなさい。

10000	7000	16300	24600	15200
2468	5200	6200	12000	3700
4662	8000	8000	10000	9000
8000	12000	11000	9000	5000

解答5－1

ANSWER

　平均値，中央値，最頻値を Excel で求めます。それぞれの定義や意味は解説で詳述します。

●Excel での平均値，中央値，最頻値の求め方

1．平均値

(1) 20 の観測値を 1 列に入力し，21 番目のセルをマウスでクリックします。

(2) 「ホーム」「編集」→「Σオート SUM」をクリックし 20 の観測値の合計をとります。

(3) 次のセルをクリックし，数式バーに「=」を入力，合計のセルをクリックし，「/20」とし平均を算出します。

(4) 9366.5 となりました。

2．中央値

(1) 20 の観測値をマウスでドラッグして指定します。

(2) 「ホーム」「編集」→「並べ替えとフィルタ」から「昇順」をクリックし，観測値を小さい順から並べ替えます。

(3) 大きさが 20 ですので中央は 10 と 11 の間です。この例では 10 番目が 8000，11 番目が 9000 です。そこで右隣のセル B10 をクリックし「=(A10+A11)/2」とし（セル番号はマウスクリックで入力）中央値を求めます。

(4) 8500 となりました。平均値よりは 900 円ほど低い値です。

3．最頻値

(1) 8000 が 3 人いて最も多い人数であり最頻値は 8000 です。中央値よりさらに 500 円低い値となりました。

第5章　分布の中心的位置の測度　◎—— 41

4．以上の平均値，中央値，最頻値はデータ分析ツールでも求められます。

解　　説　　EXPLANATION

　あるデータを代表する中心の位置を表す値としては平均値，中央値，最頻値
の3種類があります。しかし，この3種類を求める場合，生データか階級別
データかによって方法が異なります。まず，生データでの平均値，中央値，最
頻値の定義を述べます。

5-1　生データの平均値，中央値，最頻値

1．平均値

　最も一般的に用いられるデータの中心位置を表す測度です。平均値について
も次に示す3種類のものがあります。どのような場合にどの平均値を用いるの
が適当であるのか注意する必要があります。

(1) 算術平均（arithmetic mean）

　単に「**平均値**（mean, average）」と記されている場合は，この「**算術平均値**
（arithmetic mean）」を指します。また「**相加平均値**」ともいわれます。標本に
ついての平均を「**標本平均**」，母集団についての平均を「**母集団平均**」，または
「**母平均**」といい区別をします。

　標本の大きさ（つまり観測値の数）を n とすると標本平均は $\bar{X}$ と表され，次の
式で求められます。

$$\bar{X} = \frac{X_1 + X_2 + \cdots + X_n}{n} = \frac{1}{n} \sum_{i=1}^{n} X_i$$

　ここで X_1, X_2 などは標本の観測値です。標本に関する変数はこのように大
文字で表します。この教科書では以後，観測値をすべて加える意味の記号 Σ

（シグマ）を用いた和の表し方を簡潔に

$$\bar{X} = \frac{1}{n} \sum X_i$$

として表すことにします。

　なお，生データの平均については，「解答5-1」で示したように定義式から求めるのでなく Excel では平均を直接求める関数が用意されています。章末を参照してください。母平均については第9章で述べます。

(2) 幾何平均（相乗平均）（geometric mean）

　伸び率などデータが比率で表されているときは，その比率の平均値を相加平均で求めるのは適当でなく，この幾何平均を用います。例えば GDP の数年間の平均成長率の算出などで用いられる平均の方法です。幾何平均を mg とすると，次のように定義されます。

$$mg = \sqrt[n]{X_1 \times X_2 \times \cdots \times X_n}$$

　ここで n は標本の大きさ，X_1, X_2, X_n などは観測値を表しますが，式からわかるように，データの中に零や負の数があるものには適用できません。

(3) 調和平均（harmonic mean）

　車の時速の平均など，データの逆数に意味がある場合に，用いられる平均の算出方法です。調和平均を mh とすると，次のように定義されます。

$$mh = \frac{n}{\sum \dfrac{1}{X_i}}$$

　ここで，n は標本の大きさ，X_i は観測値です。この場合にもデータに零や負があるものには適用できません。

第５章　分布の中心的位置の測度　◎── 43

２．中央値（median）

標本の観測値に非常に小さい値や非常に大きい値があった場合に平均値はデータの中央の位置を表す測度としては疑問が残るくらいに大きな影響を受けます。そこで，このような異常値に影響を受けない測度として「**中央値**（median）」が定義されています。

生データの場合は中央値は「解答5-1」にあるように以下の手順のように求めます。

(1) 観測値を昇順または降順に並べる。
(2) 標本の大きさが奇数であるなら，その中央に位置する値とし，
(3) 偶数であるなら中央に位置する２つの値の平均値とする。

中央値を使用している実例としては中位年齢があります。総務省統計局のホームページ（http://www.stat.go.jp/）の「統計データ」→「分野別一覧」→「総合統計書等」→「世界の統計」→「第２章　人口」→「2-2　世界人口・年齢構成の推移」には世界の国々の人口構成が年齢３区分で示されていますが，年齢の中心的測度は平均年齢でなく中位年齢（中央値にあたるもの）が示されています。

３．最頻値（mode）

一番多く現れる，すなわち最高の度数で生ずる観測値のことを「**最頻値**（mode）」といいます。観測値が離散型変数である場合は生データの最も多く存在する観測値をもって最頻値とします。連続型変数の場合には正確に同一の値が二度現れることはまずありませんので階級別にまとめたデータによります。階級別データの最頻値は次の項を参照してください。

次に階級別データにおける平均値，中央値，最頻値の定義を述べます。

44 ──◎

5-2 階級別データの平均値，中央値，最頻値

1．平均値

階級別のデータとして第3章で作成した次の表を用いて説明します。

以　上	未　満	階級値	度　数	階級値＊度数
2000	4000	3000	2	6000
4000	6000	5000	3	15000
6000	8000	7000	2	14000
8000	10000	9000	5	45000
10000	12000	11000	3	33000
12000	14000	13000	2	26000
14000	16000	15000	1	15000
16000	18000	17000	1	17000
18000	20000	19000	0	0
20000	22000	21000	0	0
22000	24000	23000	0	0
24000	26000	25000	1	25000
			合　計	196000
			平　均	9800

　　階級別データでは生データとは違い情報の欠落が起こっています。つまり階級2000円から4000円未満の人は2人いることはわかりますが，その人が2468円，3700円などということはわかりません。そこで階級別データを扱う場合は階級値である3000円の人が2人いると解釈します。

　　したがって，この場合の標本平均は次のように求めます。

$$\bar{X} = \frac{3000 \times 2 + 5000 \times 3 + \cdots + 25000 \times 1}{20} = \frac{1}{n}\sum_{i=1}^{k} X_i f_i$$

ここで X_i は階級値，f_i は階級度数，k は階級の数，n は度数の合計です。こ

れを

$$\bar{X} = \frac{1}{n} \sum X_k f_k$$

と略記します。この例では一番右側に「階級値×度数」の列を新たに作って，そこに各階級別の積の計算をしています。そして最終行の下に「ΣオートSUM」によって各階級の「階級値×度数」の積の合計を求めています。これを 20 で割ったものが平均値になります。階級別データの平均は 9800 となりました。

【注】 分母を n ではなく階級数の k で割る誤りが見受けられるので注意してください。この例では平均とは学生 1 人当たりの携帯電話料金のことですので当然，学生数で割るのが理解できると思います。式を暗記するのでなく式の意味を理解してください。

2．中央値

中央値を階級別データから求めるにはデータの中央の位置にある階級に注目して，その階級の観測値は階級間隔に一様に分布しているとの仮定のもとで，次の式のように階級間隔を比例配分して求めます。

$$M_e = L + C \times \frac{j}{f}$$

ただし，ここで中央値は M_e としています。

L：中央値を含む階級の階級下限

C：階級間隔

j：L までのところで半分にまだ不足の対象数

f：中央値を含む階級の階級度数

以上の記号の配置は図 1 参照のこと。図 1 でわかるように，f を底辺とする三角形と j を底辺とする小さな三角形が相似であり，その高さの比から M_e を求める式とみることができます。

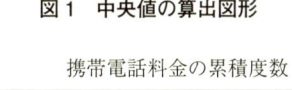

図1　中央値の算出図形

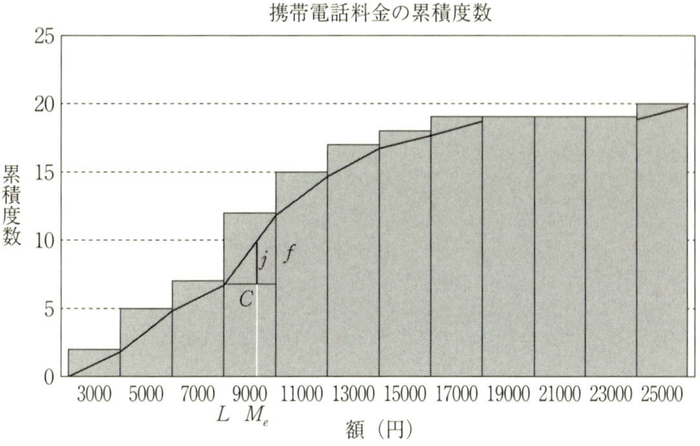

携帯電話料金の累積度数

【例】階級別データによる中央値の算出例

　例としてこれまで取り上げてきた大きさ20の携帯電話料金の標本を用います。この階級別データの中央値はいくらになるでしょうか。中央値を求める場合は，「累積度数」(第3章3－4節参照)が必要です。ある階級の累積度数は，1つ下の階級(数値的には下の階級，表では上の行で示される階級)の累積度数にその階級の度数を加えて求めます。したがって，はじめの階級の累積度数は，その階級の度数そのものです。

　まず，中央に位置するのは，標本が大きさ20ですので前から(料金の安い方から)数えて10番目の人の料金です。この例では，累積度数をみると6000－8000の階級までで7であり，次の8000－10000の階級になると12になっています。したがって，中央の10は8000－10000の階級の途中にあることがわかります。

【注】この場合，中央位置を生データの場合の扱いのように10番目と11番目の中間とは考えません。上で述べた仮定「その階級の観測値は階級間隔に一様に分布している」に基づいて，連続変数として取り扱い，20の中間位置を10とします。

第5章　分布の中心的位置の測度　◎―― 47

以　上	未　満	階級値	度　数	累積度数
2000	4000	3000	2	2
4000	6000	5000	3	5
6000	8000	7000	2	7
8000	10000	9000	5	12
10000	12000	11000	3	15
12000	14000	13000	2	17
14000	16000	15000	1	18
16000	18000	17000	1	19
18000	20000	19000	0	19
20000	22000	21000	0	19
22000	24000	23000	0	19
24000	26000	25000	1	20

そこで 8000 – 10000 の階級に注目して

(1) 中央の 10 までは前の階級の累積度数が 7 であるのであと 3 が必要。

(2) 階級の中では観測値が一様に分布していると仮定して，8000 – 10000 の階級の階級間隔を以下のように比例配分します。

　① この階級の階級度数は 5 であるので中央の 10 までは 3/5。

　② 階級間隔は 2000 であるのでこれを 3/5 に比例配分する。

$$2000 \times \frac{3}{5} = 1200$$

(3) 8000 – 10000 の階級の階級下限は 8000 であるので，下限に上に求めた階級内の比例配分した幅を加えると中央値となります。

$$中央値 = 8000 + 2000 \times \frac{3}{5} = 9200$$

平均値は前述のように 9800 ですので，中央値のほうが低い値であることが

わかります。

3．最頻値
　観測値が離散型変数，連続型変数に関わらず，階級別データで与えられている場合には度数分布表やヒストグラムを用いて，度数のピークの階級値をもって最頻値とします。
　したがって，この例では最頻値は 9000 です。中央値よりもさらに低い値であることがわかります。

　なお，階級別データでは，最頻値も中央値と同じように階級間隔を按分して求める方法をとる場合もあります。最頻値 M_o を階級間隔の按分で求める考え方は，最頻値の位置のある階級と，その前後の階級の度数の大きさの差で，階級間隔を按分するもので，次の式で与えられます。

$$M_o = L + C \times \frac{f_i - f_{i-1}}{(f_i - f_{i-1}) + (f_i - f_{i+1})}$$

　ここで，L は最頻値の存在する階級の階級下限，C は階級間隔，f_i は最頻値の存在する階級の度数，f_{i-1} はその前の階級の度数，f_{i+1} は後ろの階級の度数

図 2　最頻値の算出図形

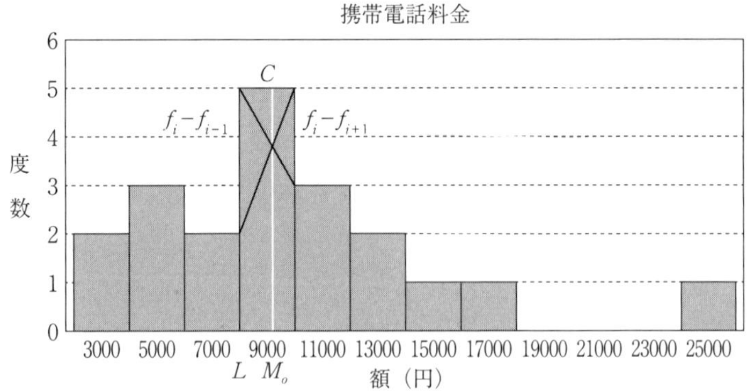

携帯電話料金

を表します。

図2で示すように，最頻値は$f_i - f_{i-1}$を底辺とする三角形と$f_i - f_{i+1}$を底辺とする三角形が相似であり，2つの三角形の高さの和がCとなっています。したがって上述のM_oを与える式は，高さCを2つの三角形の底辺の和と左側の三角形の底辺で比例配分した式とみることができます。

この例では，$M_o = 9200$となります。最頻値をヒストグラムの階級値とする場合と値が違いますが，本来ヒストグラムは度数分布表の作り方（階級限界，階級間隔の選び方）で形や階級値が変化する性質のものですので，最頻値を使用する場合も，その度数分布表に拠っているということを大前提にして使用する値であると理解してください。

5－3 平均値，中央値，最頻値の特徴

1．平均値の特徴
（ア）どのような数値的な観測値の集まりであっても常に存在する。
（イ）平均値は一義的（ただ1つ）に定まる。
（ウ）それ自体にさらに統計的な操作を加えることができる。
（エ）信頼し得る。すなわち同一母集団から抽出された多数の標本の平均は母集団中心位置の他の推定値ほどには大きく変動しない。

2．中央値の特徴
（ア）どのような数値的な観測値の集まりであっても常に存在する。
（イ）中央値は一義的（ただ1つ）に定まる。
（ウ）定量的な記述ができないような対象（性質，品質）などでも定義することができる。
（エ）ただし，平均値ほどには信頼し得ない。

3．最頻値の特徴
（ア）定性的なデータの中心位置としても使える。
（イ）離散型変数の場合は観測値がすべて異なるなど最頻値が存在しない場

合もある。

（ウ）複数の最頻値があるなど一義的に決まらない場合もある。

5-4 平均値，中央値，最頻値の関係

この章で例として挙げている携帯電話料金の場合は第3章の図1を見るとわかるように，分布が左右対称ではなく高額の料金を払っている学生がいるために右に引っ張られているような形になっています。このような場合には平均値の特徴でも述べましたが平均値は大きく影響を受けて高いほうにシフトします。次の表に携帯電話料金のそれぞれのデータ形式で求めた平均値，中央値，最頻値をまとめておきます。

一般に左右対称の一山形の分布であれば平均値，中央値，最頻値は一致しますが，右に長く歪んだ分布では平均値が最も高い値を示し次に中央値そして最頻値となります。

最頻値＜中央値＜平均値

表1　携帯電話料金の標本例におけるデータ形式による平均値，中央値，最頻値

	生データ	階級別データ
平均値	9366.5	9800
中央値	8500	9200
最頻値	8000	9000

第 5 章　分布の中心的位置の測度　◎── 51

📖 さらに勉強したい人のための参考資料

●平均値，中央値，最頻値を求める Excel 関数
　以下の関数は生データの場合に適用できるもので，階級別データには適用できません。
1．平均値
　（1）算術平均
　　　① 関数の分類「統計」から「AVERAGE」を選択。
　　　② 関数の引数ウインドウには「数値1」「数値2」と2つの窓があるが，数値1の窓にデータ列を入力して「OK」をクリックする。
　（2）幾何平均
　　　① 関数の分類「統計」から「GEOMEAN」を選択。
　　　② 引数入力は，AVERAGE と同様です。
　（3）調和平均
　　　① 関数の分類「統計」から「HARMEAN」を選択。
　　　② 引数入力は，AVERAGE と同様です。

2．中央値
　（1）関数の分類「統計」から「MEDIAN」を選択。
　（2）引数入力も AVERAGE と同様です。

3．最頻値
　（1）関数の分類「統計」から最頻値が1つの場合は「MODE.SNGL」を，複数の場合は「MODE.MULT」を選択。ただし，「MODE.MULT」の場合は配列数式として扱う必要があります。
　（2）引数入力も AVERAGE と同様です。
　（3）最頻値がない場合は "#N/A" と表示されます。

【注】学習の初期段階では，ここに提示した関数を用いるのでなく，平均の定義式や中央値，最頻値の定義に従って結果を算出してください。これらの関数は実践場面での使用を想定して示したものです。

第5章　練習問題

【問題5－1】

　国民の年齢の中心的測度としては，本文で述べたように中央値（中位年齢）が採用されています。また，国民の貯蓄額の中心的測度としては平均値が使われています（この場合，中央値や平均値を採用することが適切とはかぎりません）。人口ピラミッド（参考図1）や貯蓄現在高の分布図（参考図2）を描くことによって，どのような分布のときには平均値を採用し，どのような分布の時には中央値を採用するのが適切か，また最頻値はどのような場合に用いることが適切か述べなさい。

　なお，(1) 各国の5歳階級別人口データは，総務省統計局のホームページ（http://www.stat.go.jp/）から「統計データ」→「分野別一覧」→「世界の統計」→「本書の内容」→「第2章　人口」→「2-7　男女，年齢5歳階級別人口」とたどって Excel ファイルがダウンロードできます。

　(2) 貯蓄データは，「統計データ」→「分野別一覧」→「家計に関する統計」「家計調査」→「調査の結果」→「統計表一覧」→「貯蓄・負債編」→「最終結果」［年］［詳細結果表］→「8-11　貯蓄・純貯蓄・負債現在高階級別」とたどって Excel ファイルがダウンロードできます。

【問題5－2】

1. 第3章問題3－1で使用した「一人当たりの県民所得」の生データについて，その平均値，中央値，最頻値を求めなさい。また，平均値，中央値，最頻値（存在する場合）の大小関係を検討しなさい。
2. 第4章問題4－2で作成した「1人当たりの県民所得」の階級別データを用いて平均値，中央値，最頻値を求め生データでの場合と比較検討しなさい。

【問題5－3】

1. 第4章問題4－3で無作為抽出した大きさ20の標本の生データについて，その標本平均値，中央値，最頻値を求めなさい。また，標本平均値，中央値，最頻値（存在する場合）の大小関係を検討しなさい。
2. 第4章問題4－3で無作為抽出した大きさ20の標本より作成した階級別データを用いて平均値，中央値，最頻値を求め生データでの場合と比較検討しなさい。

第5章　分布の中心的位置の測度　◎── 53

📖 参考資料「人口ピラミッドの描き方」

人口ピラミッドを描くには，少し工夫を要します。以下に手順を示します。

① 年齢5歳階級別のデータをダウンロードする。不要な項目を削除し，階級別の男女別データを作る。
② 国によっては，最初の年齢区分が0歳，次が1〜4歳と0歳が抜き出されている場合がある。そのような国のデータを扱うときには，以下の手順を行う前にまず0歳と1〜4歳の人口数を加えて0〜4歳の5歳の階級幅にすること。
③ 男性のデータをすべて負にする。例えば下のF2のセルならば＝−E2などとし，フィルハンドルで下へ引きすべてのデータを負にする。

	A	B	C	D	E	F	J
1	年　齢	階級下限	階級上限	階級値	男	男	女
2	0〜4	0	5	2.5	4370	-4370	4156
3	5〜9	5	10	7.5	4353	-4353	4091
4	10〜14	10	15	12.5	4420	-4420	4108
5	15〜19	15	20	17.5	4837	-4837	4596
	⋮	⋮	⋮	⋮	⋮		

④ 「男」「女」の項目タイトルも含めて男女のデータをマウスでドラッグして指定する。
⑤ リボンタグ「挿入」→「グラフ」「横棒」→「2-D横棒」→「集合横棒」を選ぶ。
⑥ 「グラフツール」「デザイン」→「データ」「データの選択」から「データの選択」ウインドウを開く。
⑦ 「横（項目）軸ラベル」→「編集」ボタンをクリック。
⑧ 「軸ラベルの範囲」に「年齢」のデータ部分をマウスでドラッグして指定する。
⑨ 横軸の目盛り部分をクリックした後，「書式」「現在の選択範囲」→「選択対象の書式設定」をクリックする。次に男の数値を以下の手順で負から正に直す。
⑩ 右欄の「軸の書式設定」ウインドウの「表示形式」をクリックする。
⑪ 「表示形式コード」の欄に「0；0」と入力し「追加」をクリックする。
⑫ 棒グラフの任意の棒にマウスを移動し，右ボタンをクリックする。
⑬ 右欄に「データ系列の書式設定」ウインドウが開く。
⑭ 「系列の重なり」を最大の「100％」に，「要素の間隔」を「0」とする。
⑮ 枠の色を単色の黒にする。
⑯ 凡例を下にする。
⑰ 横軸ラベルと縦軸ラベルを書く。
⑱ グラフタイトルを書く。

以下は作成した人口ピラミッドの一例です。

参考図1

エジプトの人口ピラミッド

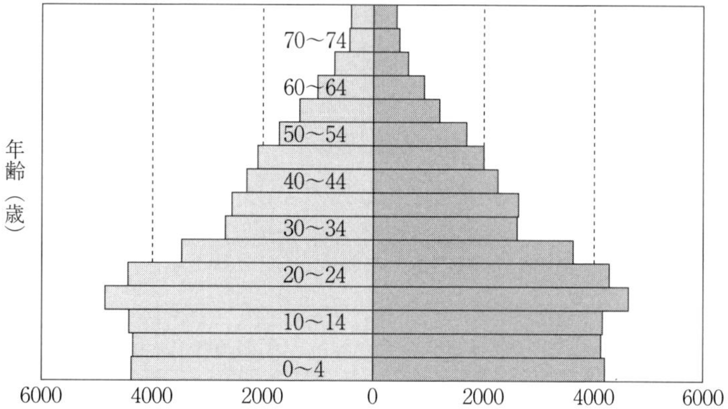

年齢（歳）

70〜74
60〜64
50〜54
40〜44
30〜34
20〜24
10〜14
0〜4

6000　4000　2000　0　2000　4000　6000

■女　□男

5歳階級別人口（単位1000人）

参考図2

貯蓄の1世帯あたり現在高

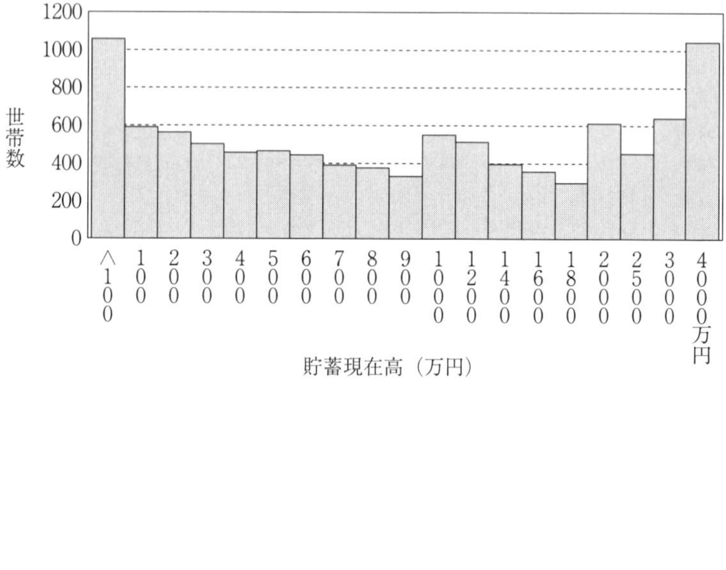

世帯数

1200
1000
800
600
400
200
0

〜100
100
200
300
400
500
600
700
800
900
1000
1200
1400
1600
1800
2000
2500
3000
4000万円

貯蓄現在高（万円）

第6章

分布の変動の測度
（その1）

考えてみよう6−1

　第5章の「考えてみよう5−1」で用いた20人の携帯電話料金は人によりどのようにばらついているのか，分散と標準偏差を求めなさい。

10000	7000	16300	24600	15200
2468	5200	6200	12000	3700
4662	8000	8000	10000	9000
8000	12000	11000	9000	5000

解答6－1

ANSWER

観測値のばらつきを測る量としての分散と標準偏差は，それぞれの観測値と平均との差を問題としますので Excel で行うのが最適です。

●Excel での分散，標準偏差の導出法

① まず表1のように観測値に番号をふり，新たな項目として「観測値と平均の差」，「差の2乗」の2つを作ります。ただしここでは表1にあるように番号はiとし観測値は Xi，平均を Ave としています。以後は表1のようなセルの配列を仮定して説明します。

② まず，第5章の記述に沿って観測値の合計を B22 に求め平均を B23 に求めます。

③ 平均からの差 Xi － Ave を求めるには，第1行目であれば「=B2 － $B$23」のように計算式を入力します。セル番号はマウスでセルをク

表1　携帯料金の平均，分散，標準偏差（一部）

	A	B	C	D
1	i	Xi	Xi － Ave	(Xi － Ave)^2
2	1	10000	633.5	401322.3
3	2	7000	－ 2366.5	5600322
4	3	16300	6933.5	48073422
5	4	24600	15233.5	2.32E+08
:	:	:	:	:
20	19	9000	－ 366.5	134322.3
21	20	5000	－ 4366.5	19066322
22	合　　計	187330		4.91E+08
23	平均 Ave	9366.5	分　　散	25855728
24			標準偏差	5084.853

第6章 分布の変動の測度（その1） ◎── 57

リックして入力します。この例では平均値がセル B23 にありますので，以下の操作を行うために平均のセル番号は絶対参照にしておきます。

④ 最初の行の観測値の差 Xi − Ave を求めた後，セルのフィルハンドルを用いて全観測値についてマウスドラッグで Xi − Ave を求めます。

⑤ 差の2乗は第1行目であれば「=C2^2」のように入力します。「^n」でn乗を表します。この後フィルハンドルですべての差の2乗を求めます。

⑥ 差の2乗の合計を D22 にオート SUM により求めます。表1には合計が 4.91E+08 と表されていますが，これは 4.91×10^8 という意味です。

⑦ セル D23 に「 = D22/(A21 − 1)」として，差の2乗の合計を 19 で割ります。これが分散です。分散は 25855728 と求まりました。

⑧ 分散の平方根を求めるために，「数式」「関数ライブラリ」→「関数の挿入」から「関数の挿入」ウインドウにある関数の分類を「数学／三角」とし SQRT を選択します。

⑨ SQRT のウインドウの「数値」に分散の表示されているセル D23 をクリックしてセル番号を入力します。

⑩ 「OK」を押下すると分散の平方根が表示されます。これが標準偏差です。標準偏差は 5084.8528 と求まりました。平均値 9367 円の前後に 5085 円程度ばらついているということです。5085 円程度ばらついているとはどういう意味なのかは解説を参照してください。

解　説　EXPLANATION

6−1　変動の測度

　統計学が扱うデータは現実社会から得られるデータであり，まったく均一な観測値が得られることはまずありません。したがって，第5章で述べたようなデータの中心的位置の測度だけではそのデータを表すには不十分なのです。そこで観測値がどのように散らばっているかという物差しが定義されています。最も良く使われるのが「**分散**（variance）」と「**標準偏差**（standard deviation）」で

す。その他にも「四分位数」や「五分位数」「十分位数」などがあります。

　分散や標準偏差についても，扱っているデータが標本であるのか母集団であるのかによって扱いが異なります。統計学では，この違いを記号で明確に区別しています。一般的に標本の場合にはローマ文字で表し，母集団の場合はギリシャ文字で表します。

　また，第5章と同様に生データと階級別データでは求め方が異なります。

6-2　生データの標本分散

　観測値のばらつきを測る基準として，分布が一山形のような素直な形をした場合には平均値を中心とするのが自然な考え方です。それぞれの観測値が平均値からどの程度離れているかを算出して，観測値すべてについて合計すればばらつきの測度になるでしょう。しかし，そのままでは，例えば，＋1離れている観測値の差と，－1離れている観測値の差を合計してしまうと零となり，離れていない場合と区別がつきません。そこで差を2乗して符号の影響をなくし，合計した量を用いてばらつきの尺度とし次のように「**標本分散** (variance)」s^2 を定義します。

$$s^2 = \frac{1}{n-1} \sum (X_i - \bar{X})^2$$

　ここで s^2 は標本分散，n は標本の大きさ（観測値の数），X_i は1つひとつの観測値，$\bar{X}$ は標本平均，Σ はすべての観測値について合計するという意味です。分母が n でなく $n-1$ である理由は標本分散を「不偏推定量」にするために必要なことですが，不偏推定量については第15章で述べます。

　なお，分散の計算式として上の定義式ではなく，恒等的に等しい次の式を示す文献もあります。上の定義式から，次式に至る計算過程は，章末の参考資料を参照してください。

$$s^2 = \frac{1}{n-1} (\Sigma X_i^2 - n\bar{X}^2)$$

第6章　分布の変動の測度（その1）　◎——59

【注】手計算や電卓を使用した計算の場合などでは，こちらの計算式の方が便利なケースも
　　ありますがExcelを使用する限りは，あまり利点がありません。定義式を用いて行う
　　のが意味も理解できて良いでしょう。

6−3 　生データの標本標準偏差とその意味

　分散は差を2乗しているためにばらつきの尺度としては単位が異なってきます。例えば身長のデータの分散ですと cm^2 となり，面積の単位と同じになってしまい，体重のデータの分散は kg^2 となってしまいます。そこで単位を同じにするために分散の平方根を求めて，これを「**(標本) 標準偏差** (standard deviation)」 s と定義します。

$$s = \sqrt{s^2}$$

●標準偏差の意味

　標準偏差を求めることにより平均値を中心としてどのくらいの範囲に全体のどの程度の割合が含まれているか等，ばらつきの程度がわかります。次は「**チェビシェフの定理** (Chebyshev's theorem)」と呼ばれている性質です。

> いかなる種類のデータについても，平均から測って標準偏差の k 倍以内の値を得る確率は少なくとも　$1 - \dfrac{1}{k^2}$　である。

　例えば，標準偏差の2倍の範囲内ですと，$1 - \dfrac{1}{2^2} = 0.75$ となりますから，そのデータの少なくとも75%（つまり3/4）は平均から標準偏差の2倍の範囲内に含まれ，3倍の範囲内では少なくとも88.9%（つまり8/9）が含まれることがいえます。なお，第12章で取り上げる正規分布であるならば，もっと確実なことがいえ，標準偏差の1倍以内に68%が，2倍以内に95%が含まれます。

　なお，生データの標本分散，標本標準偏差を直接求める関数がExcelに用意されています。分散，標準偏差の求め方を勉強している間は，簡単に結果が得られてしまいますのでこれらの関数を使用することは，勧めません。が，後日，実務や研究などで使用する場合を考えて次に参考として記します。

さらに勉強したい人のための参考資料

●標本分散，標本標準偏差の Excel 関数

1．標本分散
  (1) 関数の分類「統計」から「VAR.S」を選ぶ。
  (2) 「関数の引数」ウインドウには「数値1」「数値2」と2つの入力個所が
      あるが「数値1」にデータ列を入力すれば良い。
  なお，同じような関数で VAR.P というものがありますが，これは母集団分
散を求める関数であり，分母が $n-1$ でなく n になったものです。したがっ
て不偏分散ではありません。標本には使えません。

2．標本標準偏差
  (1) 関数の分類「統計」から「STDEV.S」を選ぶ。
  (2) 「関数の引数」ウインドウには「数値1」「数値2」と2つの入力個所が
      あるが「数値1」にデータ列を入力すれば良い。
  なお，同じような関数で STDEV.P というものがありますが，これは母集団
標準偏差を求める関数であり，分母が $n-1$ でなく n になったものです。標
本には使えません。

●分散の変形式の導出過程

  分散の定義式

$$s^2 = \frac{1}{n-1} \sum (X_i - \bar{X})^2$$

より，もう1つの表現式である

$$s^2 = \frac{1}{n-1} (\Sigma X_i^2 - n\bar{X}^2)$$

の導出過程を以下に示します。

今，定義式の合計の部分を展開すると

$$\sum (X_i - \bar{X})^2 = \sum (X_i^2 - 2X_i\bar{X} + \bar{X}^2)$$
$$= \sum X_i^2 - 2\bar{X}\sum X_i + n\bar{X}^2$$

となります。第2項は平均 $\bar{X}$ が定数であるので，和 Σ の前に出ます。また第3項は同じく $\bar{X}$ が定数ですので単純に n 倍になります。ところで第2項の和の部分は，平均の定義式

$$\bar{X} = \frac{1}{n}\sum X_i$$

から

$$\sum X_i = n\bar{X}$$

であり，これを第2項に代入すると，結局

$$\sum (X_i - \bar{X})^2 = \sum X_i^2 - n\bar{X}^2$$

となり，

$$s^2 = \frac{1}{n-1}(\Sigma X_i^2 - n\bar{X}^2)$$

を得ます。

第6章　練習問題

【問題6−1】

　ビジネス界や日常生活で分散，標準偏差が用いられている事例を調べ，分散，標準偏差のどのような性質が有効活用されているか述べなさい。

【問題6−2】

　第5章の練習問題の問題5−2，問題5−3の問1（生データの場合）で使用した標本について，その分散，標準偏差を求めなさい。

　また，平均の前後の標準偏差の1倍，2倍の範囲にどのくらいの観測値が含まれているか，その割合を調べなさい。

第 **7** 章

分布の変動の測度
（その2）

• •

考えてみよう7−1
　第5章の5−2節で用いた20人の携帯電話料金の階
級別データから，データのばらつきを示す分散と標準偏
差を求めなさい。

解答７－１

ANSWER

① 次の表は第５章５－２節で示された表の右２列以降を示しています。階級別データではそれぞれの階級の観測値は階級値で代表されると考えます。したがって，階級別データでも５章で求めた平均値F15からの差の２乗を求めます。例えば第１行では階級値がC2にありますのでセルG2に「＝(C2-$F$15)^2」として求めます。平均のセルは絶対参照です。

表1　携帯電話料金の階級別データ

	E	F	G	H
1	度数 fk	階級値＊度数	(Xk－Ave)^2	(Xk－Ave)^2*fk
2	2	6000	46240000	92480000
3	3	15000	23040000	69120000
4	2	14000	7840000	15680000
5	5	45000	640000	3200000
6	3	33000	1440000	4320000
7	2	26000	10240000	20480000
8	1	15000	27040000	27040000
9	1	17000	51840000	51840000
10	0	0	84640000	0
11	0	0	125440000	0
12	0	0	174240000	0
13	1	25000	231040000	231040000
14	合　計	196000		515200000
15	平均 Ave	9800	var	27115789.47
16			SD	5207.28235

第7章　分布の変動の測度（その2）　◎―― 65

② 第1行目を求めた後，フィルハンドルですべての階級について，平均からの差の2乗を求めます。

③ 級別データの場合は，それぞれの階級の階級値をもった観測値が度数の数だけあるので，次の列に上で求めた差の2乗に度数を掛けます。第1行目 H2 ならば，「=G2＊E2」です。

④ これもフィルハンドルを用いてすべての階級について求めます。

⑤ セル H14 にオート SUM を用いて「平均からの差の2乗×度数」の合計を求めます。

⑥ セル H15 に上で求めた合計を「観測値の総数 $n-1$」（この場合は 19）で割ります。これが級別データの標本分散です。分散は 27115789.5 です。

⑦ 次に関数 SQRT を用いて，分散の平方根を求めます。これが階級別データの標本標準偏差です。標準偏差は 5207.3 になりました。

解　説　　　　　　　　　　　EXPLANATION

7-1　階級別データの標本分散と標本標準偏差

平均値の場合と同様にして階級別データでの分散は以下のように求めます。

$$s^2 = \frac{1}{n-1} \sum (X_k - \bar{X})^2 f_k$$

この場合 X_k はそれぞれの階級の階級値であり，f_k は階級度数，合計はすべての階級に対して行います。標準偏差 s はこの分散の平方根をとって求めますので式は生データの場合と同じです。

$$s = \sqrt{s^2}$$

7-2　変動係数

標準偏差は平均値からのばらつきの"幅"を表していますが，それがすなわ

ちばらつきの"程度"かというと，そうとはいえません。例えば第6章の「考えてみよう6－1」の場合を例にとってみると標準偏差は5,085円でした。しかし，これが携帯電話料金のばらつきの幅でなく，アパートの一月の家賃だったらどうでしょう。たぶん平均値は9,367円ではなく，もっと高額，例えば60,000円になったとします。同じ標準偏差ですが，ばらつきの程度は同じでしょうか。これを見るのが「**変動係数**」(coefficient of variation) cv です。平均値 $\bar{X}$ を用いて以下のように定義します。

$$cv = \frac{s}{\bar{X}}$$

したがって，この例ですと携帯電話料金の cv は 0.543，アパートの家賃の場合の cv は 0.085 となります。同じ標準偏差でもアパートの家賃のほうは，ばらつきの程度が低いと結論できます。

cv は上の例以外にも，身長のばらつきの程度と体重のばらつきの程度を比較するなど，次元の異なるものの比較にも便利な係数です。

7－3　範囲と四分位数

5章で述べた平均値と中央値の関係と同じように，上で説明した分散，標準偏差とは別の角度から用いられる変動の測度があります。

1．範囲 (range)

（標本）範囲とは標本の最大観測値と最小観測値の差であり，変動がどこからどこまでにわたっているという尺度になります。ただし，この尺度は両端の値だけしか考えずに中間データの散らばりについては何も教えてくれません。したがって，例えば非常に大きな異常値が1つあれば大きな範囲となりますが，異常値があるかどうかも判断できません。

2．四分位数

中央値と同じように観測値を昇順（降順）に並べて，全体を4等分する値を「**四分位数** (quartile)」といい，小さい順に第1四分位数（下方四分位数），第2

第7章　分布の変動の測度（その2）　◎── 67

四分位数（中央四分位数），第3四分位数（上方四分位数）とします。したがって，
第2四分位数とは中央値のことになります。例えば第1四分位数より小さい観
測値の割合は全体の0.25であり，大きい割合が0.75であるという意味です。

(1) 生データの場合の求め方

第1，2，3四分位数はデータの数をnとしてpをそれぞれ0.25，0.50，0.75
として

$q=(n+1) \times p$

となるq番目に位置するデータの数のことです。このときqの整数部分をm，
小数部分をrとします。つまり$q=m.r$です。m番目のデータがD_mで$m+1$番
目のデータがD_{m+1}とすると，それぞれの四分位数Aは，

$A=D_m+r \times (D_{m+1}-D_m)=(1-r) \times D_m+r \times D_{m+1}$

で与えられます。

①　偶数の場合

例えばデータの数が20であるならば，第1四分位数は$q=5.25$となり第2四
分位数は$q=10.5$，第3四分位数は$q=15.75$です。したがって，第1，第3四分
位数の整数部と小数部は，それぞれ$m=5$，15，$r=0.25$，0.75となり，上の式
からAとして求められます。また，第2四分位数は$m=10$，$r=0.5$となり
$A=0.5 \times (D_{10}+D_{11})$であり，すなわち中央値の求め方になります。

②　奇数の場合

例えばデータの数が19であるならば第1四分位数は上の式から$q=5$となり
ます。また，第2四分位数は$q=10$となり中央値です。また，第3四分位数は
$q=15$となります。奇数の場合のほうが，2分割の真ん中，4分割の中間を取る
ために，素直な数値になりました。奇数の場合でqとして小数部の値が出る場
合にも四分位数は，偶数の場合と同様に求めることになります。

(2) 階級別データの場合の求め方

階級別データの中央値を求める場合（第5章）と同様に 1/4，2/4，3/4 のある階級について，その階級幅を比例配分して求めます。

(3) また**四分位範囲**（**四分位偏差**（quartile deviation））として次のように定義します。

四分位範囲＝第3四分位数−第1四分位数

したがって，この四分位範囲の中に観測値のうちの中央に存在している半分のデータが入ることになります。

3．五分位数，十分位数

上の四分位数と同様の考え方によって全体を5等分する，もしくは10等分する測度のことをそれぞれ，「**五分位数**（quintile）」，「**十分位数**（decile）」といいます。所得分布のデータを表す際には，この五分位数，十分位数がしばしば用いられています。

例えば総務省統計局のホームページ http://www.stat.go.jp/ から「家計調査」→「統計表一覧」→「調査結果　家計収支編　二人以上の世帯」→「詳細結果表」→「平成19年4月」→「2-7　年間収入五分位階級別」とたどって参考にしてください。

4．パーセンタイル

上述した四分位数，五分位数，十分位数の考え方を一般化して**パーセンタイル**（percentile）が定義されます。

P パーセンタイルとは，ある数値の集合において P% がその値よりも小さい値のことをいいます。したがって，第1四分位数は，25パーセンタイルといい，第1五分位数は20パーセンタイルとなります。

第7章　分布の変動の測度（その2）　◎── 69

7−4　箱ひげ図

　上の節でのべた四分位数で表される分布の状態を1つの図で表す便利な方法
があります。**箱ひげ図**（box-and-whisker plots）と呼ばれる図で①中央値，②最大
値，③最小値，④第1四分位数，⑤第3四分位数の5つを図示できます。

　一例としてA大学とB大学の学生の携帯電話料金のデータの分布が次のよ
うな表2で表されていたとします。

表2　A大学，B大学の携帯電話料金の分布

	第3四分位数	最大値	最小値	第1四分位数	中央値
A大学	11750	24600	2468	5450	8500
B大学	16307	21000	2368	6791.75	9049.5

　このような分布の状態を下図のような箱ひげ図で表すことができます。

図1　A大学，B大学の携帯電話料金の分布

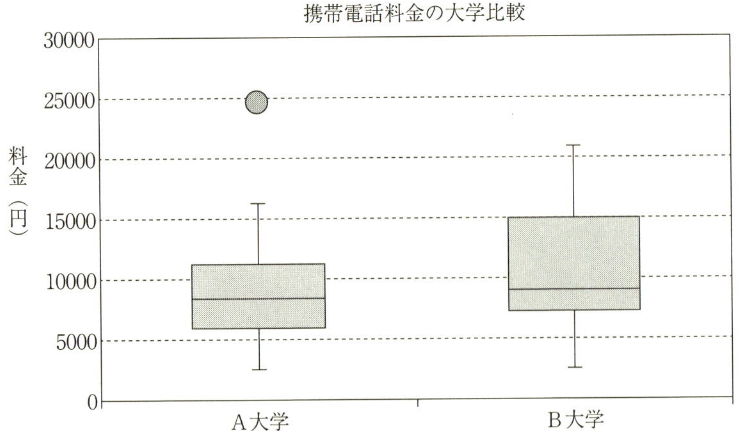

　ここで，"箱"の上端は第3四分位数の値であり，下端は第1四分位数です。
最大値は"ひげ"の上端であり（第3四分位数から上に四分位範囲の1.5倍の以内の場

合），最小値は"ひげ"の下端（第1四分位数から下に四分位範囲の1.5倍の以内の場合）です。箱の中にある"－"の箇所が中央値の位置です。A大学の上にある○は「外れ値」を表しています。

厳密には，上内境界点（下内境界点）と呼ばれる内壁（inner fence）が"箱"の上端（下端）から上へ（下へ），四分位範囲の1.5倍の点と定義され，上下外境界点が外壁（outer fence）として3.0倍のところに定義されています。したがって，

(1) もしも，最大値（最小値）が算出した上内境界点（下内境界点）よりも箱に近い場合には，ひげの上端，下端として最大値（最小値）を用います。

(2) もしも，上（下）内境界点のほうが箱に近い場合には，その範囲を越えて異常に大きい値や小さい値は「外れ値」として，処理することができます。外れ値は1.5倍から3.0倍以内は軽度な外れ値として○で表し，それ以上の場合は，極端な外れ値として＊で表します。この場合，ひげの上端（下端）は，上内境界点（下内境界点）内に収まる値の内の最大値（最小値）を用います。

次のようなことが，図からわかります。すなわち，B大学は第1，第3四分位数ともA大学より高く，しかしその一方，最高額ではA大学のほうが突出している。またB大学は，A大学に比べると中央値が箱の下端に近く，料金の安い部分に1/4の学生があまりばらつかずに集中している。一方，中央値よりも高いほうの1/4の部分では，A大学よりもバラつきが大きい。

●箱ひげ図の描き方

① 表3のような箱ひげ図データから表4のような作図用データを作成します。この時，外れ値があれば外れ値も抽出しておきます。

② セル範囲「第3－中央」「中央－第1」「第1」の行を選択後，Excelのリボンから［挿入］→［縦棒］→［積み上げ縦棒］をクリックします。

③ グラフの余白で右クリックし，［データの選択］をクリックします。［データソースの選択］ウインドウで，［凡例項目］の順番を［▲］/［▼］ボタンで変更します。上から「第1」「中央－第1」「第3－中央」の順

第7章　分布の変動の測度（その2）　◎── 71

表3　箱ひげ図データ

	A大学	B大学
最大値	16300	21000
第3四分位数	11750	16307
中央値	8500	9049.5
第1四分位数	5450	6791.75
最小値	2468	2368
外れ値	24600	

表4　作図用データ

	A大学	B大学
最大－第3	4550	4693
第3－中央	3250	7257.5
中央－第1	3050	2257.75
第1	5450	6791.75
第1－最小	2982	4423.75
外れ値	24600	

に並べます。

④　続いて，［横軸ラベル］の［編集］ボタンをクリックします。［軸ラベル］ウインドウで，［軸ラベルの範囲］にセル範囲「A大学，B大学」の行を指定し，［OK］をクリックします。

⑤　「第1」の縦棒の上で右クリックし，［データ系列の書式設定］をクリックします。［データ系列の書式設定］ウインドウの［塗りつぶし］タブで［塗りつぶしなし］をクリックします。続いて，［枠線の色］タブで［線なし］をクリックして，［閉じる］ボタンをクリックします。

⑥　「中央－第1」の縦棒の上で右クリックし，［データ系列の書式設定］をクリックします。［データ系列の書式設定］ウインドウの［塗りつぶし］タブで［塗りつぶし（単色）］をクリックし，［色］を設定します。続いて，［枠線の色］タブで［線（単色）］をクリックし，［色］を設定します。［閉じる］ボタンをクリックします。

⑦　「第3－中央」の縦棒に対しても同様の書式設定を行います。

⑧　「第3－中央」の縦棒を選択後，Excelのリボンから［レイアウト］→［誤差範囲］→［その他の誤差範囲オプション］をクリックします。

⑨　［誤差範囲の書式設定］ウインドウの［縦軸誤差範囲］タブで［方向］を［正方向］に，［誤差範囲］を［ユーザー設定］に設定し，［値の設定］ボタンをクリックします。

⑩　［ユーザー設定の誤差範囲］ウインドウで［正の誤差の値］にグラフ用

データの「最大−第3」のセル範囲を設定します。[OK] ボタン，[閉じる] ボタンをクリックします。

⑪ 「第1」の縦棒を選択後，Excel のリボンから [レイアウト] → [誤差範囲] → [その他の誤差範囲オプション] をクリックします。

⑫ [誤差範囲の書式設定] ウインドウの [縦軸誤差範囲] タブで [方向] を [負方向] に，[誤差範囲] を [ユーザー設定] に設定し，[値の設定] ボタンをクリックします。

⑬ [ユーザー設定の誤差範囲] ウインドウで [負の誤差の値] にグラフ用データの「第1−最小」のセル範囲を設定します。[OK] ボタン，[閉じる] ボタンをクリックします。

⑭ 外れ値がある場合には，[データの選択] をクリックします。[データソースの選択] ウインドウで「凡例項目」の「追加」をクリックします。

⑮ 「外れ値」の行を指定します。この時，外れ値のない列も含めます。

⑯ 外れ値の棒をクリックし [グラフの種類と変更] をクリックします。

⑰ マーカーのみの散布図を選び [OK] ボタンをクリックします。

⑱ マーカーをクリックし，[選択対象の書式設定] から [マーカーのオプション] を選び，[組み込み] を選択し，次に表示したいマーカーの形と大きさを指定します。

📖 さらに勉強したい人のための参考資料

●パーセンタイル，四分位数を求める Excel 関数

1．PERCENTILE.EXC（データ，率）

この関数は四分位数に限らず率で示す百分率の位置を計算して出力します。したがって，第1, 3四分位数は 0.25, 0.75 として与えることになります。PERCENTILE.INC という似た関数がありますが，この関数の補間は本文で説明したものと異なりますので PERCENTILE.EXC を使用してください。

第7章　分布の変動の測度（その2）　◎── 73

2．QUARTILE.EXC（データ，戻り値）

　四分位数を求める関数です。戻り値に1, 2, 3を入力することにより，第1,
2, 3四分位数を求めます。QUARTILE.INCも上と同様に使えません。

●分布の歪度と尖度

第3章で描いた携帯電話料金の度数分布図をもう一度掲載します。

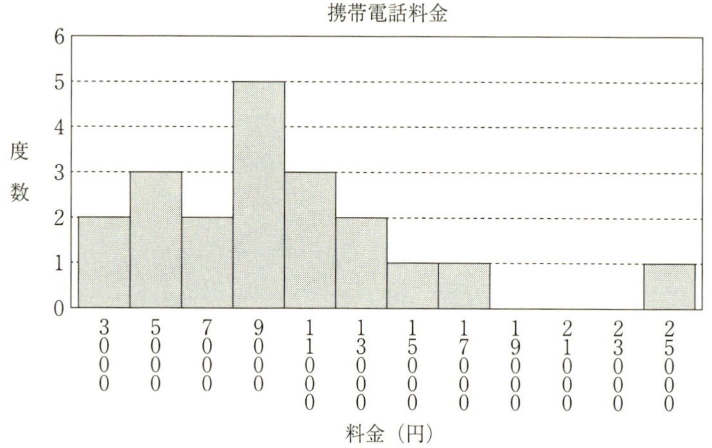

携帯電話料金

度数

料金（円）

　この図を見ますと，分布の形は全体的に左に偏っていて，右に長く尾を引い
ています。また階級値9000円を最頻値として，ピークが尖った形をしていま
す。

　このように分布の偏り（歪みや尖り）を表す尺度があります。歪みは**歪度**
（Skewness）と呼び，尖りは**尖度**（Kurtosis）といいます。

　(1) 歪度 G は次のように定義されます。

$$G = \frac{n}{(n-1)(n-2)} \sum \left(\frac{X_i - \bar{X}}{s} \right)^3$$

ここで，n はデータ数，X_i はデータ，$\bar{X}$ は平均，s は標準偏差です。G の値

が正の場合は上図のように分布の峰が左寄りにあり尾が右に流れていて（「**右に歪んでいる**」という），負の場合は峰が右寄りにあり，**左に歪んでいる**ことを示しています。左右対称の場合は G が零となります。

(2) 尖度 H は次のように定義されます。

$$H = \frac{n(n+1)}{(n-1)(n-2)(n-3)} \sum \left(\frac{X_i - \overline{X}}{s}\right)^4 - 3\frac{(n-1)^2}{(n-2)(n-3)}$$

それぞれの記号の意味は G の場合と同じです。H の値が正の場合は，正規分布（第12章参照）よりも尖っている（急尖, leptokurtic）ことを示し，負の場合は正規分布よりも扁平（緩尖, platykurtic）なことを示します。正規分布の場合は零となります。

なお，正規分布の尖度を3として3より大きいか小さいかで尖り具合を定義する場合もあるので注意が必要です。また，歪度，尖度とも上の公式と異なる定義式があるので注意してください。上の式は Excel で使用されている歪度と尖度の定義式です。

ちなみに，上図の携帯料金の分布では G=1.46, H=3.16 となり分布は峰が左寄りで右に歪み，正規分布よりも尖った形であることが数値的にも示されます。第5章で述べた

　　　最頻値＜中央値＜平均値

の関係は，一般に右に歪んだ分布のときの性質であり，左に歪んだ場合はその逆になります。

第7章　分布の変動の測度（その2）　◎── 75

第7章　練習問題

【問題7－1】

　四分位数や五分位数・十分位数が用いられている実例を調べ，n 分位数のどのような性質が利用されているか述べなさい。

【問題7－2】

(1) 第5章練習問題5－3の問2（第4章練習問題4－3）で使用した携帯電話料金の標本について作成した階級別データを用いて分散，標準偏差，および変動係数を算出して生データでの場合と比較検討しなさい。

(2) 上と同じ標本の生データについて，その四分位数と四分位範囲を求めなさい。

(3) 上と同じ標本の階級別データを用いてその四分位数と四分位範囲を算出して生データでの場合と比較検討しなさい。

【問題7－3】

　第3章「考えてみよう3－1」（本文で「A大学」として表したもの）で与えられた大きさ20の標本と第4章練習問題4－3で無作為抽出した大きさ20の標本の中央値，四分位数を比較する箱ひげ図を描画し，その結果を検討して検討結果を述べなさい。

第8章

平均と標準偏差の現代ファイナンス理論への応用

考えてみよう8－1

　山崎製パン㈱の２年間の月次株価から同銘柄の月次収益率（リターン）とリスクを求めなさい。またリターンの変動を時系列データとして折れ線グラフで表すとともにヒストグラムに描画して，収益率の平均値，分散，標準偏差を求めなさい。

解答8－1 ANSWER

　Yahoo! ファイナンス（http://finance.yahoo.co.jp/）から「株式」→「株価検索」に「山崎製パン」と入力し→「時系列」→「株価時系列データをもっとみる」とたどると下のような，期間を指定する入力ウインドウが表示されます。

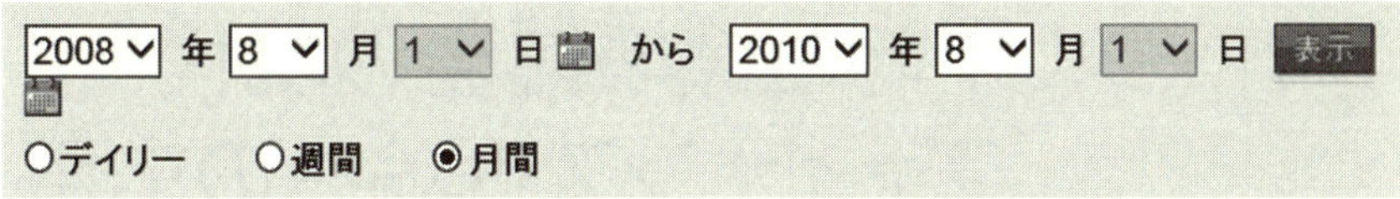

2008 ▼ 年 8 ▼ 月 1 ▼ 日📅 から 2010 ▼ 年 8 ▼ 月 1 ▼ 日	表示

📅
○デイリー　　○週間　　◉月間

　ここで，山崎製パン㈱の月次データを2008年8月から2010年8月までダウンロードしました。ダウンロードは，表の上でマウスの右ボタンをクリックすると，ポップアップメニューが表示され，その中に「Microsoft Excel にエクスポート（X）」というメニューがあります。これをクリックすると瞬時にデータの入った Excel ファイルが作成できます（ただし，Internet Explorer のみ可能，他のブラウザではサブメニューが出てこない。その場合はコピー&ペーストする）。日付が新しい日から古い日にさかのぼる順になっていますので，「並べ替えとフィルター」から「昇順」を押して古い日付を最初の行にします。

　データは，「始値」，「高値」，「安値」，「終値」，「出来高」，「調整後終値」の6項目があります。ここで使用するのは調整後終値のデータです。まず，この期間の調整後終値の変動のみに着目して時系列データを折れ線グラフで描画すると図1のようになりました。

　このデータからそれぞれの月の終値で山崎製パン㈱の株を購入して，翌月の終値で売却したと仮定して，月次収益率を計算しました。するとその月次収益率は図2のような変動を示しました。

図１　山崎製パン㈱の株価変動（調整後終値）

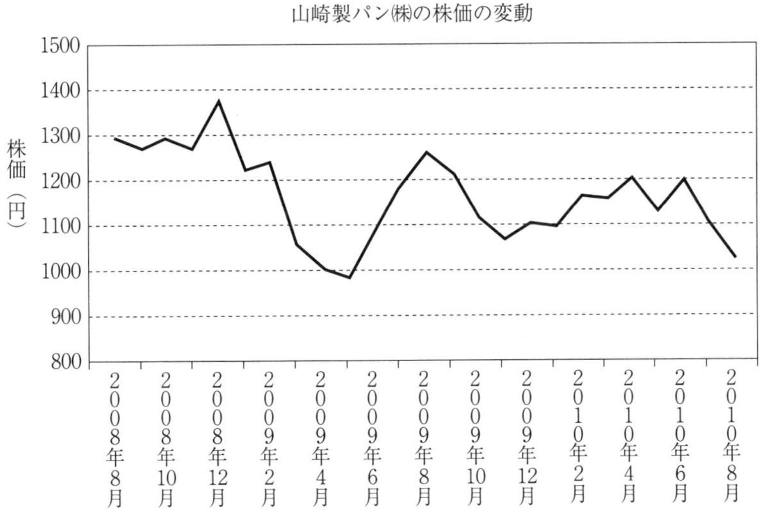
山崎製パン㈱の株価の変動
株価（円）
1500
1400
1300
1200
1100
1000
900
800
2008年8月
2008年10月
2008年12月
2009年2月
2009年4月
2009年6月
2009年8月
2009年10月
2009年12月
2010年2月
2010年4月
2010年6月
2010年8月

図２　山崎製パン㈱の月次収益率変動

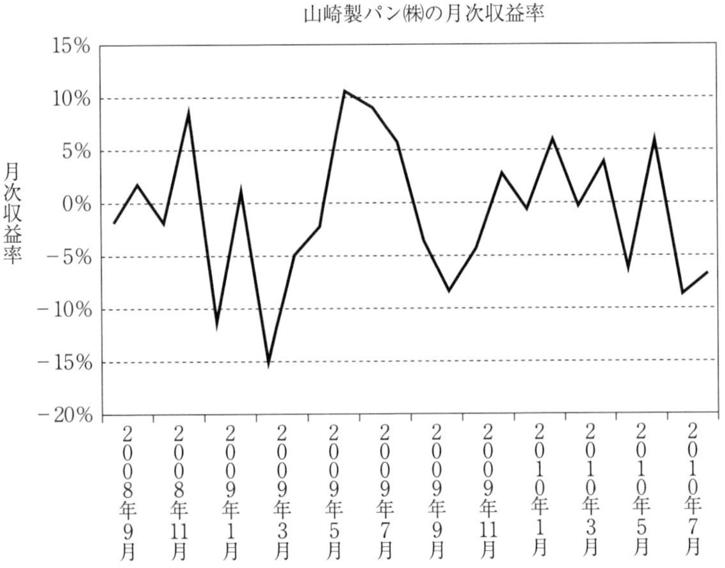
山崎製パン㈱の月次収益率
月次収益率
15%
10%
5%
0%
−5%
−10%
−15%
−20%
2008年9月
2008年11月
2009年1月
2009年3月
2009年5月
2009年7月
2009年9月
2009年11月
2010年1月
2010年3月
2010年5月
2010年7月

一見して図1の株価自体の変動とは別の変動を示していて，収益率がゼロの周りに上下しているようです。

この月次収益率の平均値，分散，標準偏差は，

平均値（期待リターン）＝ － 0.75％
分散 ＝ 0.00456
標準偏差（リスク）＝ 6.77％

となりました。ここで，平均値，標準偏差は百分率表示していますが，分散は2乗している統計量で単位が違いますので，百分率表示できません。収益率の平均値はほぼ零に近い負の値であり，標準偏差が収益率のバラつきを表す尺度になっています。

次に収益率の分布をヒストグラムで描画してみました。階級間隔が2％区切りでデータを整理したものが図3です。ヒストグラムのピークも － 1.0％のところで突出していることがわかります。また，その平均値からどの程度プラスに振れ，マイナスに振れているかが表示されています。

図3　山崎製パン㈱の月次収益率の分布

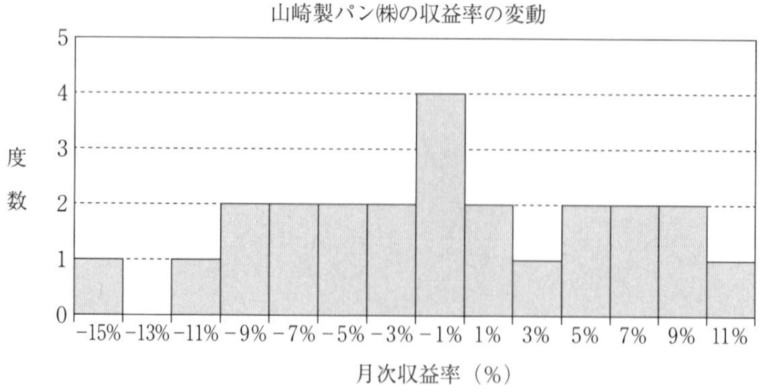

第8章　平均と標準偏差の現代ファイナンス理論への応用　◎── 81

解　　説　　EXPLANATION

8－1　株価のリターンとリスクについて

1．リターン

　リターンとは，収益のことをいいます。この例題のように，例えばある月に
株を購入して，その後その株を売却したとした場合，収益とは次のように表さ
れます。

　　　収益＝（売却価格－購入価格）＋配当

　株価にはさまざまなものがありますので，これを購入価格，つまり投資額で
割ったものを収益率と定義します。通常「**リターン**」といった場合は，「**rate
of return**」のことであり，つまりこの収益率の方を指します。

$$収益率 = \frac{収益}{投資額}$$

　したがって，ある期の期首に株を購入して，期末に売却したとすると収益率
は次のような計算から求められます。

$$収益率 = \frac{期末の株価 - 期首の株価}{期首の株価}$$

　なお，この計算の場合は，株の配当は無視されます。数式で表すならば，収
益率をrとし，売却価格（期末の株価）をS_1，購入価格（期首の株価）をS_0として

$$r = \frac{S_1 - S_0}{S_0}$$

となります。

　通常，収益率rは％で表されます。この例題では月次で計算しましたが，日
次や年次も良くつかわれます。

ある期間にわたる収益率の平均値を「**期待収益率 (期待リターン)**」といいます。期待値で表すならば，

$$E(r_i) = \frac{1}{n} \sum r_i$$

と書けます (第9章参照)。ここで r_i はその期間の収益率，n はデータ数です。

山崎製パン㈱の月次収益率の平均は－0.75％でしたので，これが期待リターンとなります。この場合，2年間この銘柄の売買を繰り返したとしても平均的に期待できるリターンは－0.75％ということになります。

2．リスク

株式投資には元本保証がありません。したがって投資に危険を伴います。このようなものを「リスク資産」といいます。図2の山崎製パン㈱の月次収益率を見ますと，大きく変動しています。ある月には10％以上の収益を上げたかと思うと，ある月には15％以上の減益になっています。いま，仮に収益率がまったく変わらない銘柄があったとしたらどうでしょう。非常に安全な銘柄といえます。これを逆にいえば，収益率の平均値からのズレ，すなわち変動とはリターンの不確実性を表すものであって，これが「リスク」であるということです。つまりここでいう「リスク」とは「危険」を意味するものではなく，未来のリターンの不確実性を表す指標です。そこでそのような指標として第6章で述べた標本標準偏差 s を用います。

リスク＝収益率 (リターン) の標本標準偏差 s

第 8 章　平均と標準偏差の現代ファイナンス理論への応用　◎── 83

●リターンとリスクの Excel での求め方

表1　株価のリターンとリスク

日　付	調整後終値	リターン	(return − ave)^2
2008 年 8 月	1292		
2008 年 9 月	1269	− 1.78%	0.000106459
2008 年 10 月	1293	1.89%	0.000696774
2008 年 11 月	1268	− 1.93%	0.000140445
2008 年 12 月	1379	8.75%	0.009029442
2009 年 1 月	1220	− 11.53%	0.011624506
2009 年 2 月	1238	1.48%	0.00049453
2009 年 3 月	1056	− 14.70%	0.019467886
：	：	：	：
2010 年 6 月	1198	6.30%	0.004967861
2010 年 7 月	1095	− 8.60%	0.006161102
2010 年 8 月	1022	− 6.67%	0.003502595
合　計		− 17.96%	0.105556193
平　均		− 0.75%	
分　散			0.0045894
標準偏差			6.77%
最大値		10.79%	
最小値		− 14.70%	

① 表1のように日付と対応する株価の時系列データ（調整後終値）の表を作
ります。
② リターンの列を作り，最初の2行の株価から「期末の株価」を 2008 年
9 月の 1269 円，「期首の株価」を 2008 年 8 月の 1292 円として
（期末の株価−期首の株価）／期首の株価

を計算します。

③ フィルハンドルで最後の期までドラッグします。

④ タグ「数値」で「%」を選び，表示を%にします（上の数式のところで百分率であるので*100をすることはありません）。

⑤ 平均値を求めて，それに基づいて分散，標準偏差を算出します。

⑥ 最大値，最小値は関数MAX，MINから求めます。

⑦ 平均値，標準偏差の数値は%表示とし，分散はそのままにします。

⑧ 平均値が「期待リターン」，標準偏差が「リスク」を表します。

第8章 練習問題

【問題8－1】

　興味のある企業数社を選び，その株式銘柄について，直近2年の月次収益率を計算し，収益率の変動を折れ線グラフで表すとともに，ヒストグラムでその変動の分布を描画しなさい。また期待リターンとリスクを求め，山崎製パン㈱と比較検討し，検討結果を述べなさい。

　株価時系列データは，Yahoo! ファイナンス　http://finance.yahoo.co.jp/ からダウンロードすること。

第8章　平均と標準偏差の現代ファイナンス理論への応用　◎── 85

第8章までのまとめ問題

[1] 16の世帯において子供の数が次のように記録されている。

2, 4, 1, 0, 1, 3, 0, 4, 2, 5, 0, 0, 2, 2, 4, 2

(1) この標本の平均値と中央値，最頻値を求めなさい。
(2) 分散と標準偏差，変動係数を求めなさい。
(3) 第1四分位数，第3四分位数を求めなさい。

[2] 次の度数分布表はS大の学生60人の1週間の勉強時間を調査した表である。

階級No	階級限界（時間）	階級値	度　　数
1	0 ～ 2		3
2	2 ～ 4		2
3	4 ～ 6		13
4	6 ～ 8		17
5	8 ～ 10		11
6	10 ～ 12		5
7	12 ～ 14		4
8	14 ～ 16		3
9	16 ～ 18		1
10	18 ～ 20		1

(1) それぞれの階級の階級値を求めなさい。
(2) 勉強時間の平均値を求めなさい。
(3) 勉強時間の標本分散，標本標準偏差，変動係数を求めなさい。
(4) 勉強時間の中央値，第1四分位数，第3四分位数を求めなさい。
(5) 勉強時間の最頻値を階級間隔を按分する方法で求めなさい。

[3] 次の問いに答えなさい。
(1) 母集団から標本を抽出する時に行う「無作為抽出」とはどのようなものか説明しなさい。
(2) 標本の代表値として用いられる「平均」「中央値」「最頻値」のそれぞれの特徴を述べなさい。

第 **9** 章

確率と確率分布

考えてみよう9－1

　外国製の食品が日本の税関を通過するときには税関検疫所で抜き取り検査が行われます。いま，12個ずつ袋詰めの餃子が税関倉庫で抜き取り検査を受けました。1袋のうち2個が抜き取られ2個とも良品ならば1袋全部良品とみなすとします。実はこの袋には良品の餃子は9個だったと仮定します。このような抜き取り検査でこの袋が良品とみなされてしまう確率はどれほどでしょう。

解答9－1

ANSWER

　これは有限母集団から無作為に標本を抽出して検査する一例です。1つ目の餃子を抜き取って検査したとき，それが良品である確率は良品が12個中9個しかないので

$$\frac{9}{12}$$

となります。1つ目が良品だった場合，2つ目の餃子を抜き取るときには袋には残り11個あり良品は8個になっていますので，良品を抜き取る確率は

$$\frac{8}{11}$$

です。したがって，2つとも良品である確率はこれらを掛け合わせて

$$\frac{9}{12} \times \frac{8}{11} = \frac{6}{11} = 0.5455$$

となります。つまり，このような方法では9個だけが良品の餃子でも55％の確率で税関を通過してしまうことがわかりました。

解　説

EXPLANATION

9－1　事象と確率

　この例のように袋から2つの餃子を取り出す時に，良品の餃子が2つとられる場合もあるし，良品は1つだけ，または2つとも不良品とさまざまな可能性があります。このように偶然に左右される個々の結果，またはいくつかの結果の集まりを「**事象**（event）」といいます。

　ある事象が起こるのは偶然に左右され，それが確実に起こるとは限りません。このような場合にその事象の起こることの期待される割合を数量化して「**確率**（probability）」と呼びます。確率には，以下のようないくつかの種類があ

第9章 確率と確率分布 ◎── 89

ります。

1. 理論的確率

例えばサイコロは 1 から 6 の目があり，どの目も同様に確からしく出るとすると，「1 の目が出る」という事象の起こる確率は 1/6 と計算できます。一般に事象 A の起こる確率 $P(A)$ は次のように表します。

$$P(A) = \frac{M}{N}$$

ここで，N はあらゆる可能な場合の数（全事象），M は事象 A の起こる場合の数です。このように計算により求める確率を「**理論的確率**」と呼びます。また，この確率のことを「**先験的確率**」ともいいます。

2. 経験的確率

同一の事象がロングランで生起する回数の割合のことを「**経験的確率**」といいます。例えば野球の打者が何回も打席に入ってそのうち何本ヒットを打ったかで打率を計算しますが，これはその打者のヒット打数（ヒットを打ったという事象）の比率の経験的確率です。

一般に経験的確率はそのトライアル（試行）回数が十分大きくなると上記1.の「理論的確率」に近づきます。次の図は一様乱数を用いてコイン投げをシミュレーションし，「コインの表が出る」という事象の割合を求めた結果です。理論的確率では，表裏のどちらも同じ割合で出ると仮定すれば，表の出る確率は 1/2 となります。図 1 で示すように，試行回数が 10 回のときは 8 回表が出ました。これを 100 回，300 回，500 回，1,000 回とシミュレーションを行いました。次第に表の出る確率が 1/2 に近づいているのがわかります。つまり，試行回数が多くなると，確かに経験的確率が理論的確率に近づいていることがわかりました。

このコイン投げシミュレーションは Excel によって実験した結果です。その方法は章末の参考を参照してください。

90 ──◎

図1　コイン投げシミュレーション結果

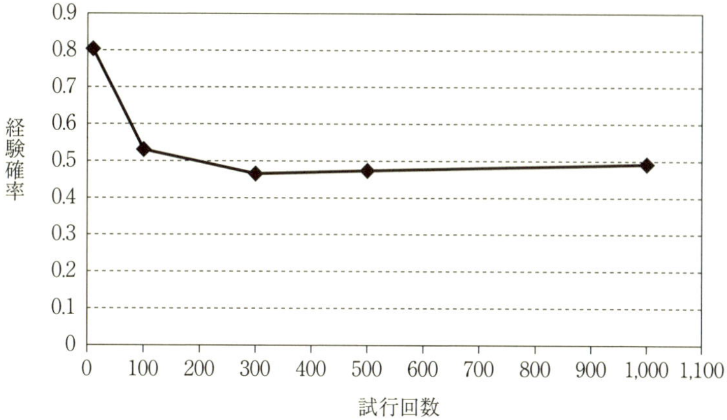

3．主観確率

　ところで二度と起こらない事象に対する確率もあります。例えば「ある国の政府がこの1年以内に倒れる確率は」などという場合です。このような事象は二度とは起こりません。しかし，政治評論家が倒れる確率は85％だと言った場合，このような確率はその評論家の将来の見込みのことであって，これを「**主観確率**（personal probability, subjective probability）」といいます。これに対して上の（1）（2）は「**客観確率**（objective probability）」といわれます。

9-2　**確率関数，確率変数と確率分布**

　どのような「値」がどのような「確率」で出現するかが，ある一定の「法則」で定まっているような場合，その「値」のことを「**確率変数**（random variable）」と呼び，その「法則」を「**確率分布**（probability distribution）」と呼びます。

　例えば上のサイコロの例ではサイコロを投げると1から6の目のどれかが出ます。この場合は出る目を確率変数xとして，その目の出る確率はそれぞれ1/6の一様な分布をした確率分布です。これを次のように表します。

$$p(x) = \frac{1}{6} \quad \text{ここで } x = 1, 2, 3 \cdots 6$$

このように表した $p(x)$ を「**確率関数** (probability function)」といいます。確率関数は一般的には確率変数 x で表される関数です。

確率変数は上のサイコロの例で示しているように，取り得るすべての値を範囲にする変数であり，したがって確率分布は，母集団分布を表します。つまり，この章の記述は母集団を扱うものであり，変数は小文字の x で表しています。前の章までは標本を扱っていましたので，その観測値は大文字の X を用いていました。母集団の変数と標本の観測値を区別している点に注意してください。

●確率関数の基本性質

(1) 確率関数の確率の和は 1 である。

$$\sum_x p(x) = 1$$

(2) 確率関数の値は正または零である。

$$0 \leq p(x) \leq 1$$

9-3 離散型確率変数の確率分布

離散型確率変数の確率分布を「**離散分布** (discrete distribution)」と呼びます。サイコロの例でわかるように，今まで記述した内容は離散型確率変数を念頭に置いて記述しています。

図2はコインを4回投げたときに表の出る回数の割合を確率変数 x として図示した離散分布の例です。このような図を確率変数の**確率棒グラフ** (probability bar chart) と呼びます。この確率分布の場合，それぞれの確率変数の位置に示されている縦棒の高さが確率 $p(x)$ を示しています。なお，図では縦棒に幅がありますが幅に意味はありません。原則的には線であると考えてください。

図2　コインを4回投げた時の表の出る確率分布

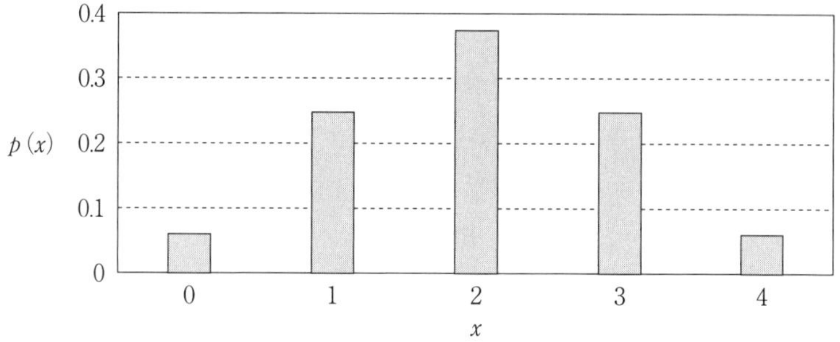

9－4　**連続型確率変数の確率分布**

　連続型確率変数の場合は離散型確率変数の場合と少し考え方が異なります。連続型確率変数の場合はその確率分布は図3のように曲線で示され，これを「**連続分布**（continuous distribution）」といいます。

　この連続型変数の場合はある一点の，例えば図3に示した $x=a$ のところの高さ $f(x)$ は確率を表していません。なぜならば連続型の変数は正確にその値をとるような場合はまず考えられないからです。例えば身長165cmといっても，完全に 165.000000cm のように正確にその値であることは，まずあり得ないでしょうし，それ以前に身長の測定にそのような精度もなく実用上の意味もありません。

　連続型変数の場合の確率は次のように定義されます。

　図の区間 $a \leq x \leq b$ に属する値をとる確率 $P\ (a \leq x \leq b)$ は，図の $a \leq x \leq b$ の面積で与えられる。

第9章　確率と確率分布　◎——93

図3　連続型変数の確率分布

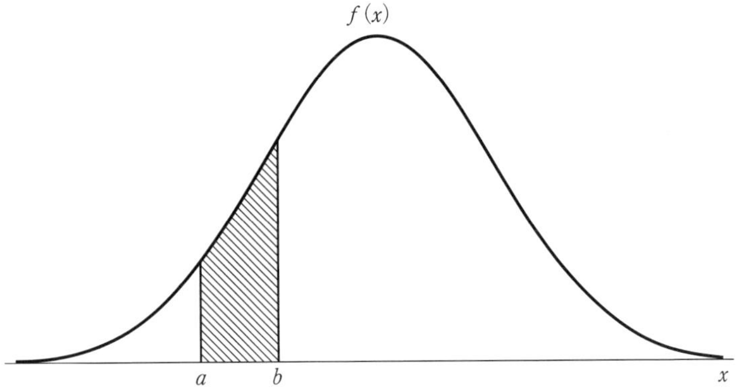

すなわち，式で表すならば

$$P\,(a \leq x \leq b) = \int_a^b f(x)\,dx$$

となります。なお区間の表示は$a<x<b$としても$a<x \leq b$でも$a \leq x<b$でも同じです。なぜならば$x=a$は線であって，面積は零でありそれを含んでも含まなくても確率を表す面積に何らの影響も与えないからです。統計学の他の文献では$a<x<b$で統一しているものもありますが，この教科書では，$a \leq x \leq b$と表すことにします。

　このように確率を定義すると，次元としては「関数$f(x) \times$幅」が確率を表すので関数$f(x)$はその密度と解釈して，「**確率密度関数**（probability density function）」と呼ばれます。

　連続分布の場合は，項目9−2で述べた確率関数の基本性質（1）は，積分となり「全面積が1である」となります。

9−5　母集団における平均値，分散と標準偏差

　母集団の母平均値，母分散，母標準偏差はそれぞれμ（ミュー），σ^2，σ（シグマ）とギリシャ文字を用いて表し，標本における標本平均$\bar{X}$，標本分散s^2，

標本標準偏差 s と区別して表記します。母平均値 μ, 母分散 σ^2, 母標準偏差 σ の定義は以下のようになります。標本平均 $\bar{X}$, 標本分散 s^2, 標本標準偏差 s と考え方は同じですが, 導出式の上では違いがありますので注意してください。

母 (集団) 平均 μ は

$$\mu = \sum x_i p(x_i)$$

ここで, x_i は確率変数, $p(x_i)$ はその確率変数の確率です。母 (集団) 分散 σ^2 は

$$\sigma^2 = \sum (x_i - \mu)^2 p(x_i)$$

であり, 母 (集団) 標準偏差は

$$\sigma = \sqrt{\sigma^2}$$

です。したがって母分散, 母標準偏差をこのように定義した場合には, 第6章で述べたような分散の導出の時に分母が n であるのか $n-1$ であるのかという議論は存在しません。なお, Excel 関数で母分散, 母標準偏差を求める場合には, 第6章の分散の定義式で分母を n として計算しています。章末の参考を参照してください。

また, 母分散には標本分散と同様に恒等的に等しい次の式を用いる場合もあります。この式の導出は第6章章末の標本分散の場合に示した変形と同様ですので, ここでは省略します。

$$\sigma^2 = \sum x_i^2 p(x_i) - \mu^2$$

なお以上は離散型確率変数の場合の式を示しています。連続型確率変数では合計の部分が積分に置き換わりますが本質的に同じです。

平均 $\quad \mu = \displaystyle\int_{-\infty}^{\infty} x f(x)\, dx$

第9章　確率と確率分布　◎── 95

$$分散　\sigma^2 = \int_{-\infty}^{\infty} (x-\mu)^2 f(x)\,dx$$

なお，Excel で分散，標準偏差を求める関数を第6章の章末に参考資料として述べておきましたが，母分散，母標準偏差を求める関数は別に存在します。この章末に参考資料として記しておきます。

9-6　期待値

一般的に確率変数 x の関数 $g(x)$ があった時に，確率 $p(x)$ で試行が行われ，その結果関数 $g(x)$ はどのくらいの値になるのかを，**期待値**（expected value, expectation）と呼び，次のように定義します。

$$E[g(x)] = \sum g(x_i)\,p(x_i)$$

煩雑になるので示しませんが，連続型確率変数の場合は，前節同様に積分で表されます。この定義に従うと，

母平均は $g(x)=x$ の期待値，すなわち $\mu = E[x]$，
母分散は $g(x) = \{x - E[x]\}^2$ の期待値，$\sigma^2 = E\left[\{x - E[x]\}^2\right]$

ということもできます。期待値の例として，本章の練習問題の問題9-2を考えてみてください。

●コイン投げシミュレーションの手順

① 最初の列に 0（裏）と 1（表）を入力する。隣の列に 0.5，0.5 を入力し 0 と 1 の出現確率を一様に 0.5 とする。

1	0.5
0	0.5

② 「データ」「分析」→「データ分析」から「データ分析」ウインドウを出し「乱数発生」を選ぶ。

③ 「乱数発生」ウインドウの「変数の数」を1とし，「乱数の数」をコイン投げの試行回数，例えば10，300などとして入力する。

④ 「分布」は「離散」とし，「パラメータ」「値と確率の入力範囲」に手順1．で作った出現確率の2行2列を指定する。

⑤ 出力先を指定して欲しい乱数の列を得る。

⑥ 出力された乱数の合計を「オートSUM」により求める。

⑦ 合計は1の出現頻度を表しているので，乱数の総数との比によりコインの表の出現確率が求められる。

⑧ なお，0，1以外の場合，例えばサイコロのシミュレーションなどでは，まず手順の1．で0，1，2…6のそれぞれに1/6の確率を与えます。下の例では表示は0.166667ですが，厳密に合計を1にするために入力は「=1/6」としています。

	A	B
13	1	0.166667
14	2	0.166667
15	3	0.166667
16	4	0.166667
17	5	0.166667
18	6	0.166667

⑨ 集計6．の際には第2章で用いた関数COUNTIFSと同類のCOUNTIFを使用することができます。これは検索条件が1つの場合に用いる関数です。

例えば次頁の図のような1〜6の乱数が10個得られた場合を考えてみると，それぞれの目の数と等しい乱数の個数を数えるために関数COUNTIFの引数の第2番目の検索条件を「"="&A13」のようにします。ただし1から6の目は上の図のセル配置であると仮定して，1の目がA13にある場合です。結局，関数COUNTIFの引数は，COUNTIF

第９章　確率と確率分布　◎——97

($D$31:$D$40,"="&A13）となります。ここで検索範囲である 10 個の乱
数の部分は，忘れずに絶対参照にしておくこと。

	D
31	5
32	2
33	3
34	2
35	6
36	4
37	6
38	3
39	1
40	1

📖 さらに勉強したい人のための参考資料

●母集団の分散，標準偏差を求める Excel 関数

１．母分散
　(1) 関数の分類「統計」から「VAR.P」を選ぶ。
　(2)「関数の引数」ウインドウには「数値１」「数値２」と２つの入力個所が
　　あるが「数値１」にデータ列を入力すれば良い。

２．母標準偏差
　(1) 関数の分類「統計」から「STDEV.P」を選ぶ。
　(2)「関数の引数」ウインドウには「数値１」「数値２」と２つの入力個所が
　　あるが「数値１」にデータ列を入力すれば良い。
　母集団の分散，標準偏差を求めるこれらの関数では，分散の定義式の分母を
与えられた数値の数，すなわち n で割っています。

第9章 練習問題

【問題9−1】

サイコロを振るシミュレーションを試行回数を変えて行い，経験確率と理論確率の関係を検討しなさい。

【問題9−2】

3勝で優勝するテニスのトーナメントに参加するある選手の勝利確率 $p(x)$ の分布は，勝利数を x として，次の表で与えられているとする。

x	0	1	2	3
$p(x)$	2/5	3/10	1/5	1/10

この大会では勝利数に応じて x^3（百万円）の賞金が出るとすると，この選手の獲得賞金の期待値はいくらか。

（ヒント）獲得する賞金額を $g(x)$ とすると

$$g(x) = x^3$$

第 **10** 章

主な離散分布
（その1）

考えてみよう 10 － 1

　ある調査のために乱数を発生させて無作為の電話番号を 12 作った。この 12 の電話番号に電話をかけた時に，そのうちの 4 つの電話が通話中や留守で電話に出ない確率を求めなさい。ただし 1 回電話をかけて，その電話に出ない確率は 0.2 と仮定します。

解答 10 − 1　　　　　　　　ANSWER

　この例は二項分布と呼ばれる確率分布に従っているものです。二項分布の計算式は

$$P(x)={}_nC_x\,p^x(1-p)^{n-x}$$

と与えられます。この例題の場合は$n=12$, $x=4$, $p=0.2$ です（それぞれの意味については解説で述べます）。これを Excel で計算する手順は次のようになります。

●Excel での二項分布計算手順

① パラメータの n, x, p の値を空のセルにそれぞれ入力する。

② 「数式」「関数ライブラリ」→「関数の挿入」から「関数の挿入」ウインドウを出し、「関数の分類」「数学／三角」から「COMBIN」を選択する。

③ 「関数の引数」ウインドウの「総数」に n の値、「抜き取り数」に x の値の入っているセルをクリックして ${}_nC_x$ を求める。

④ これに $p^x(1-p)^{n-x}$ の部分をかける。p^x などのべき乗の演算は Excel では p^x のように記号 "^"（キャレット）を用いて表す。したがって計算式全体としては、例えば次のように数式バーに入力する。

　　=COMBIN(B1,B2)＊B3^B2＊(1−B3)^(B1−B2)

この例は n の値のセルが B1、x の値のセルが B2、p の値のセルが B3にあると仮定した場合である。

⑤ 0.132876 を得る。

　つまり、12回無作為に電話をかけた時4回が通話中または留守で電話に出ない確率は13.3%程度の低い値であることがわかります。

　なお、Excel には二項分布を直接求める関数も用意されていますが、ここでは二項分布の計算式を理解する目的もあり、直接的な関数については述べません。第11章の章末の解説を参考にしてください。

第 10 章　主な離散分布（その 1）　◎—— 101

解　　説　　　　　　　　　　EXPLANATION

10 – 1　ベルヌーイ試行列

「考えてみよう 10 – 1」のような行為のことを試行（trial）と呼びます。特に，次の性質をもっているものを，「**ベルヌーイ（Bernoulli）試行列**」といいます。

(1) 試行の結果が成功（S，この場合は電話に出ない）か失敗（F，この場合は電話に出る）のどちらかである。

(2) すべての試行について S の起こる確率は一定である。

(3) それぞれの試行の間には何の関係もない（「独立である」という）。

10 – 2　二項分布

ベルヌーイ試行列の性質をもつ試行の確率分布を**二項分布**（binomial distribution）といいます。一般に，各試行で S の起こる確率を p としたとき，n 回の試行で S の起こる回数 x の確率分布 $P(x)$ は，「解答 10 – 1」にもあるように，次の式によって表されます。

$$P(x) = {}_nC_x\, p^x (1-p)^{n-x}$$

もしくは $q = 1-p$ とおき，簡潔に

$$P(x) = {}_nC_x\, p^x q^{n-x}$$

と与えられます。ここで右辺の最初にかかっている係数の ${}_nC_x$ は n 個の異なるものの中から x 個を取り出して作る**組み合わせの数**（combination）を表すもので，次の式により求められます。

$$ {}_nC_x = \frac{n!}{x!\,(n-x)!} = \frac{n\,(n-1)\cdots(n-x+1)}{x!} $$

$n!$ は階乗（factorial）と呼ばれるもので次のようにして計算されます。

$$n! = n \cdot (n-1) \cdot (n-2) \cdots 3 \cdot 2 \cdot 1$$

組み合わせを手計算で行う場合は上の定義式の2つ目の式で行う方が便利です。ここで現れるべき乗の計算で p^0 は p の値がどのようなものでもその値は1です。また、組み合わせについては次の性質があります。

(1) $_nC_x = {}_nC_{n-x}$

(2) $_nC_0 = {}_nC_n = 1$

なお、二項分布という名前は、次の二項展開の各項が確率 $P(x)$ になっていることに由来しています。

$$(p+q)^n = \sum_{x=0}^{n} {}_nC_x p^x q^{n-x}$$

●Excel での計算方法

組み合わせを Excel で計算する場合は、「解答 10 − 1」にあるように関数「COMBIN」を用います。また階乗を求める場合は関数「FACT」が用意されています。

10 − 3 二項分布の形

「解答 10 − 1」で求めた二項分布は次の図1のようになります。この場合は $x=2$ を最頻値として右に長く伸びた分布をしています。その理由は成功（S）の確率が $p=0.2$ と低いためです。電話に出ない確率が最も高いのは12回中2回の場合ということがわかります。

逆に成功確率が高ければ二項分布は図2のように右に偏ったグラフになります。また、二項分布では図3に示したように成功確率が非常に低い場合には、山形ではなく単調に減少するようなグラフにもなります。

このように二項分布の形は試行回数 n と成功確率 p で特徴づけられますので、一般に $B(n, p)$ と表されます。

第10章　主な離散分布（その1）　◎── 103

図1　「解答10－1」$B(12, 0.2)$の二項分布

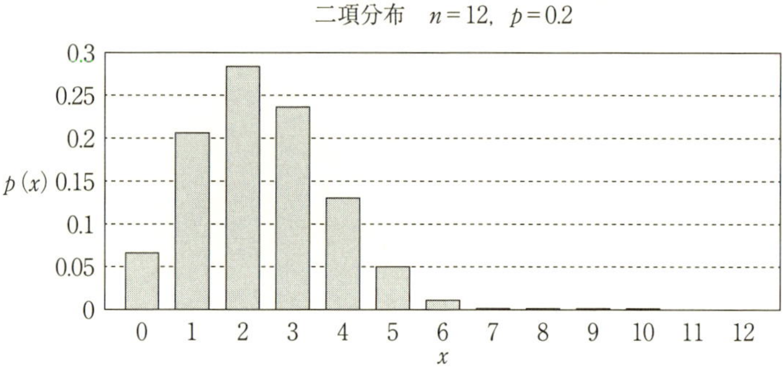

二項分布　$n = 12$, $p = 0.2$

図2　$B(12, 0.8)$の二項分布

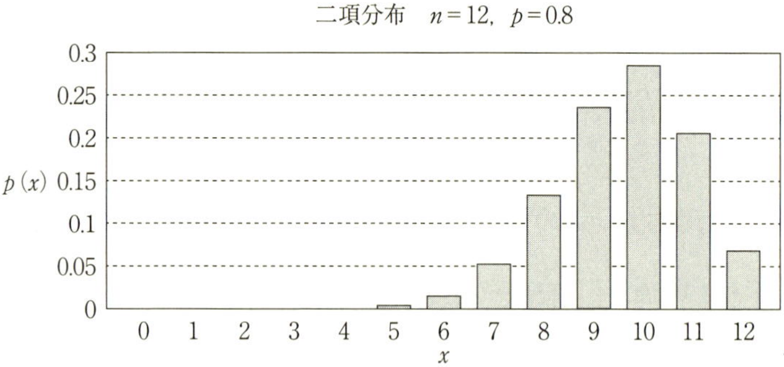

二項分布　$n = 12$, $p = 0.8$

図3　$B(6, 0.1)$の二項分布

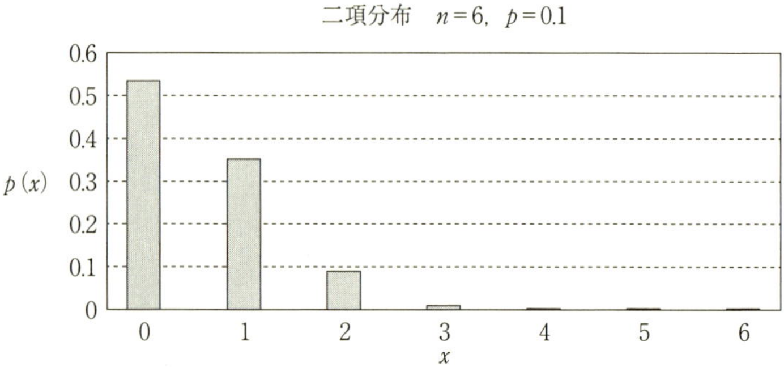

二項分布　$n = 6$, $p = 0.1$

104 ——◎

10 − 4　二項分布の平均値と分散，標準偏差

$B(n, p)$ の二項分布の母平均 μ，分散 σ^2，標準偏差 σ は第 9 章の 9 − 5「母集団における平均値，分散と標準偏差」の項目で示した式を用いれば，計算によって求めることができます。計算経過は章末に示しますが，結果として次の式によって与えられます。

$$\mu = np$$

$$\sigma^2 = npq$$

$$\sigma = \sqrt{npq}$$

したがって，「考えてみよう 10 − 1」の場合ならば μ =12 × 0.2=2.4，σ^2=12 × 0.2 × 0.8=1.92，$\sigma = \sqrt{1.92}$ =1.39 となります。つまり 12 回電話をかけて電話に出ない回数は平均 2.4 回，分布の広がりの目安（標準偏差）としては平均 2.4 の前後の 1.39 の幅ということがわかります。

📖 さらに勉強したい人のための参考資料

●二項分布の平均 μ，分散 σ^2 の導出過程

1．平均 μ

母集団の平均の定義（第 9 章）より

$$\mu = \sum xP(x) = \sum_{x=0}^{n} x {}_nC_x p^x q^{n-x} = \sum_{x=0}^{n} x \frac{n!}{x!(n-x)!} p^x q^{n-x}$$

と与えられる。ところで

$$n! = n \times (n-1)!, \qquad x! = x \times (x-1)!$$

であるから，上の式を $(n-1)$，$(x-1)$ で書き直してみると

第 10 章　主な離散分布（その 1）　◎── 105

$$\mu = np \sum_{x=1}^{n} \frac{(n-1)!}{(x-1)!\,(n-1-(x-1))!} p^{x-1} q^{n-1-(x-1)}$$

となる。ここで変数 $y=x-1$ を用いると

$$\mu = np \sum_{y=0}^{n-1} \frac{(n-1)!}{y!\,(n-1-y)!} p^y q^{n-1-y} = np \sum_{y=0}^{n-1} {}_{n-1}C_y p^y q^{n-1-y} = np\,(p+q)^{n-1}$$

と書ける。右辺の Σ 以降は二項展開の式であり，$p+q=1$ より 1 である。したがって

$$\mu = np$$

を得る。

2．分散 σ^2

$$\sigma^2 = E[x^2] - \mu^2 = E[x(x-1)+x] - \mu^2 = E[x(x-1)] + \mu - \mu^2$$

である。ところで第一項は，

$$E[x(x-1)] = \sum_{x=0}^{n} x(x-1)\,{}_n C_x p^x q^{n-x} = \sum_{x=0}^{n} x(x-1)\,\frac{n!}{x!\,(n-x)!}\,p^x q^{n-x}$$

である。平均の場合と同様に今度は $(n-2)$，$(x-2)$ で書き直してみると，

$$E[x(x-1)] = n(n-1)p^2 \sum_{x=2}^{n} \frac{(n-2)!}{(x-2)!\,(n-2-(x-2))!}\,p^{x-2} q^{n-2-(x-2)}$$

となる。ここで変数 $y=x-2$ を用いると

$$E[x(x-1)] = n(n-1)p^2 \sum_{y=0}^{n-2} \frac{(n-2)!}{y!\,(n-2-y)!}\,p^y q^{n-2-y}$$

$$= n(n-1)p^2 \sum_{y=0}^{n-2} {}_{n-2}C_y p^y q^{n-2-y}$$

となる。右辺の Σ 以降は平均の場合と同じく $p+q$ の二項展開であり，1である。したがって，

$$E[x(x-1)]=n(n-1)p^2$$

となる。これを第1式に代入すれば，平均 μ の結果も使って

$$\sigma^2=n(n-1)p^2+np-(np)^2=np-np^2=np(1-p)=npq$$

を得る。

第10章　練習問題

　以下の問題は，二項分布についての計算問題です。問題 10 − 1 ～ 4 までは，Excel で計算を行う前に，まず紙の上で電卓などを用いて手計算をしてみてください。答えが出てから Excel に移って，結果を比較してください。二項分布の計算を理解するには，手計算が最適です。

【問題 10 − 1】

　女児の出生率を 0.48 とするとき，子供が 3 人いる家庭の女児の数が 2 人以上である確率を求めなさい。

【問題 10 − 2】

　S 大学の学生のうち自宅から通っている学生が全体の 30% いるという。今，無作為に選んだ 5 人のうち 4 人以上が自宅通学生である確率はいくらか。

【問題 10 − 3】

　A 君，B 君の 2 人の子が東西に延びた一本道を，じゃんけんをしながら東に進んでいます。A 君が勝った場合は，B 君はそのままで A 君だけ 3 歩進みます。同じように B 君が勝った場合は，B 君だけ 3 歩進みます。今，2 人のじゃんけんに勝つ確率は 1/2 で等しいとします。簡単化のために「あいこ」はないと仮定します。また，それぞれの歩幅は同じです。すると，このようにして 8 回繰り返したとき，A 君 B 君が同じ場所にいる確率はいくらでしょうか。

第 10 章　主な離散分布（その 1）　◎── 107

【問題 10 − 4】

　ある学生は，1 時間目の統計学の授業にあと 3 回出席しないと単位を落としてしまう。しかし，その学生は朝に弱く，授業に間に合うように起きられる確率が日によらず一定で 0.4 であるとする。いま，統計学の授業があと 4 回あるとすると，単位をもらえる資格を得る確率はいくらか。残りの回数が 4 回でなく 5 回の場合には確率はいくらになるか。

【問題 10 − 5】

　試行回数 $n=4$ 回，成功確率が $p=0.7$ の二項分布 $B(4, 0.7)$ について，乱数を発生させてシミュレーションを行い，シミュレーション回数を 10，100，1000 とし，それぞれの結果と理論値との比較を行いなさい。

第 11 章

主な離散分布
(その2)

考えてみよう 11 − 1

　9章の「考えてみよう9−1」と同じ例です。税関検疫所で抜き取り検査が行われました。12個ずつ袋詰めの餃子が抜き取り検査を受け，1袋のうち2個が抜き取られ2個とも良品ならば1袋全部良品とみなされています。この袋には良品の餃子は9個だったと仮定します。この抜き取り検査でこの袋が良品とみなされる確率を超幾何分布を用いて求めなさい。

解答 11 - 1　ANSWER

超幾何分布の式は

$$P(x) = \frac{{}_aC_x \, {}_bC_{n-x}}{{}_{a+b}C_n}$$

で与えられます。記号の意味は「解説」で述べます。この「考えてみよう 11 - 1」の例ですと $a=9$, $b=3$, $x=2$, $n=2$ となって

$$P(x) = \frac{{}_9C_2 \, {}_3C_{2-2}}{{}_{9+3}C_2} = \frac{36 \times 1}{66} = \frac{6}{11} = 0.5455$$

となります。これは当然ですが「考えてみよう 9 - 1」の結果と一致します。

解　説　EXPLANATION

11 - 1　超幾何分布

第 10 章のベルヌーイ試行列の場合は各試行が独立でしたが、この「考えてみよう 11 - 1」は前の試行に次の試行が影響を受ける例です。このような場合には二項分布は使えません。

第 9 章の「考えてみよう 9 - 1」を考えてください。12 個ずつ袋詰めの餃子の 2 個を抜き取り検査する場合です。この場合は 1 個目を抜き取って検査したあと、残りは 11 個ですので 2 つ目の確率は 1 つ目の検査に影響を受けていました。つまり有限母集団から **"非復元抽出"**（1 つ目を元に戻さないで次を抽出すること）で標本を抽出するような場合の確率を **超幾何分布**（hypergeometric distribution）といいます。

いま、成功（S, 餃子の例では良品）が a 個あり、失敗（F, 不良品）が b 個あるような母集団から、n 個が無作為に抽出されて、x 回の成功になる確率 $P(x)$

は

$$P(x) = \frac{{}_aC_x \, {}_bC_{n-x}}{{}_{a+b}C_n}$$

となります。超幾何分布は $HG(n, a, a+b)$ と表記されます。「考えてみよう 11 − 1」の例ですと、解答 11 − 1 に述べたように $a=9$, $b=3$, $x=2$, $n=2$ であり $HG(2, 9, 12)$ となります。なお、超幾何分布の場合は、成功回数 x について最大値と最小値が存在します。

$$\text{Max}(0, n-b) \leq x \leq \text{Min}(n, a)$$

ここで、関数 $\text{Max}(x, y)$ は x か y の大きい方の値、$\text{Min}(x, y)$ は x か y の小さい方の値を意味します。

超幾何分布の平均 μ と、分散 σ^2 は次の式で与えられます。

$$\mu = np$$
$$\sigma^2 = np\,(1-p)\left(\frac{a+b-n}{a+b-1}\right)$$

ここで、成功確率 p は

$$p = \frac{a}{a+b}$$

で与えられます。母集団の総数 $a+b$ が試行回数 n に比べて 100 倍を越すような非常に大きい場合には、分散の式の中の

$$\left(\frac{a+b-n}{a+b-1}\right)$$

がほぼ 1 と近似でき、二項分布と平均、分散が同じ式となります。つまりこのような場合には、超幾何分布は二項分布で近似できます。

なお、これからわかるように二項分布が適用できるベルヌーイ試行とは、言い方を変えれば **"復元抽出"**（1 つ目を元に戻して最初の状態にしてから次を抽出する

こと）の場合です。

11-2 ポアソン分布

　有名な数学者ポアソン（Poisson）が導いた確率分布で，試行回数が多いが，めったに起こらないような事象に適用できるものです。例えば飛行機事故の例などに適用できます。飛行機の運航回数 n は非常に多く，事故が起こることはまれで，その確率 p は非常に小さいはずです。このような場合には「**ポアソン分布**（Poisson distribution）」の適用が考えられます。

　ポアソン分布は次の式で与えられます。

$$P(x) = \frac{\mu^x}{x!} e^{-\mu}$$

　ただし，ここで $\mu = np$ であり，e^x は指数関数のことです。

　ポアソン分布の平均 μ と分散 σ^2 は等しく，次のような関係にあります。

$$\mu = np, \quad \sigma^2 = np = \mu$$

　したがって，ポアソン分布は単に μ だけに依存しますので一般形は $Po(\mu)$ と表記されます。

11-3 ポアソン分布の二項分布近似

　なお，二項分布で試行回数 n が大きく，かつ成功確率 p が小さい場合には，このポアソン分布で近似されることがわかっています。この証明は章末に示します。したがって，ポアソン分布は二項分布の近似として利用される場合がしばしばあります。

第11章　主な離散分布（その2）　◎―― 113

図1　$B(5, 0.2)$ と $Po(1)$ の比較

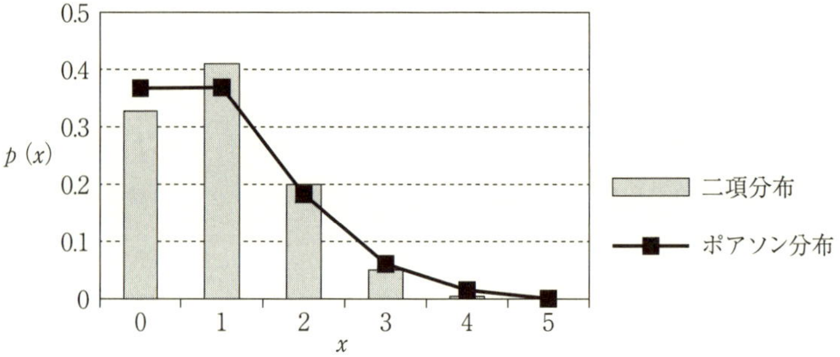

二項分布
ポアソン分布

図2　$B(500, 0.002)$ と $Po(1)$ の比較

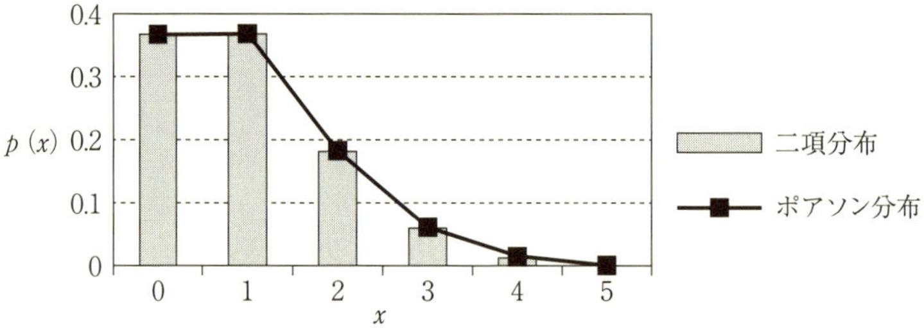

二項分布
ポアソン分布

　二項分布をポアソン分布で近似した場合に，どのくらいの差が出るかを二項分布 $B(5, 0.2)$ とポアソン分布 $Po(1)$，また $B(500, 0.002)$ と $Po(1)$ の場合に比較してみます。この場合，二項分布 $n=5$ と $p=0.2$ の場合でも $n=500$ と $p=0.002$ の場合でも $\mu=1.0$ です。したがって，どちらでもポアソン分布の場合は $Po(1)$ です。図1の場合は $n=5$ と $p=0.2$ ですので，ポアソン分布近似が成り立つ条件である n が大きく，p が小さいという場合ではないようです。しかし，図1をみると二項分布 $B(5, 0.2)$ の形をポアソン分布 $Po(1)$ は，ほぼ表しているようにも見えます。これに対して図2は $n=500$ と $p=0.002$ でありポアソン分布近似が成立しています。図2では $B(500, 0.002)$ と $Po(1)$ がまったく一致しているように見えます。このように，図1と図2を比較すると二項

分布のポアソン分布近似の成立状況が一目瞭然です。

●Excel でのポアソン分布の求め方

① 平均値 μ の値を任意のセルに入力します。

② x の値を 1 列に 0 から +1 ずつ順に求めたい値まで入力します。

③ 階乗の関数「FACT」，指数関数「EXP」を用いて最初のセル $x=0$ の場合の式を構成します。

④ 例えば下図のようなセルの配置で μ の値が B9，$x=0$ の値が A2 で与えられていると仮定した場合は，数式バーに入力するポアソン分布を求める式は「=$B$9^A2＊EXP(-$B$9)/FACT(A2)」となります。ここで μ を与えるセルは，次の操作を行うために絶対参照とします。

	A	B
1	x	P (x)
2	0	0.3679
3	1	0.3679
4	2	0.1839
5	3	0.0613
6	4	0.0153
7	5	0.0031
8		
9	μ	1

⑤ 他の x のセルすべてをフィルハンドルを用いて求めます。

第11章 主な離散分布（その2）◎── 115

📖 さらに勉強したい人のための参考資料

●二項分布の極限 $n \to \infty$ としてのポアソン分布の導出過程

二項分布において $\mu = np$ を一定のまま $n \to \infty$ の極限を考える。

$$_nC_x p^n q^{n-x} = \frac{n!}{x!(n-x)!} \left(\frac{\mu}{n}\right)^x \left(1 - \frac{\mu}{n}\right)^{n-x}$$

$$= \frac{1}{x!} \frac{n(n-1)\cdots(n-x+1)}{nn\cdots n} \mu^x \left(1 - \frac{\mu}{n}\right)^n \left(1 - \frac{\mu}{n}\right)^{-x}$$

ここで，

$$\frac{n(n-1)\cdots(n-x+1)}{nn\cdots n} = 1 \left(1 - \frac{1}{n}\right) \cdots \left(1 - \frac{x-1}{n}\right)$$

となり，$n \to \infty$ で1となる。また，

$$\lim_{n \to \infty} \left(1 - \frac{\mu}{n}\right)^n = e^{-\mu}, \qquad \lim_{n \to \infty} \left(1 - \frac{\mu}{n}\right)^{-x} = 1$$

である。したがって，

$$\lim_{n \to \infty} {}_nC_x p^x q^{n-x} = \frac{\mu^x}{x!} e^{-\mu}$$

を得る。

●Excel の確率分布関数

1．二項分布：「BINOM.DIST」

「成功数」に x を入力，「試行回数」に n，「成功率」に成功確率 p を入力し，「関数形式」に FALSE を入力する。TRUE を入力した場合は累積確率が与えられる。

116 ──◎

2．ポアソン分布：「POISSON.DIST」
「イベント数」に x を入力，「平均」に μ，「関数形式」に FALSE を入力する。TRUE を入力した場合は 1．と同様に累積確率が与えられる。

なお，ここに挙げた関数は，二項分布やポアソン分布の計算方法が理解できた後に，実用段階で用いるものであり，この章を勉強している段階でむやみに用いては，百害あって一利なしです。

第 11 章　練習問題

【問題 11 － 1】
「考えてみよう 11 － 1」の超幾何分布のグラフ $HG(2, 9, 12)$ を求めて描画しなさい（確率変数 x は，0，1，2 の値をとる）。

【問題 11 － 2】
二項分布 $B(4, 0.3)$ および $B(n, p)$（ただし試行回数 n=40，400 などとし，成功確率 p を n のそれぞれに対して p=0.03，0.003（すなわち μ は一定）などとした場合に，それぞれの二項分布とポアソン分布 $Po(1.2)$ の比較を本文の図 1，2 のようにして行い，その一致の程度について比較検討しなさい。

【問題 11 － 3】
ある製品の製造工程における不良率は 1 ％である。この製品を 200 個ずつの箱に入れる。1 箱の中の不良率が 1 個以内である確率を求めたい。これを
(1) 二項分布を用いて求めなさい。
(2) ポアソン分布で近似することにより求めなさい。

第 12 章
正規分布
（その1）

考えてみよう 12－1

　日本でのメタボリックシンドロームの診断基準は男性ではウエスト周り 85cm 以上である。いま，成年男性のウエスト周りの分布は平均 $\mu＝78.0$cm，標準偏差 $\sigma＝6.5$cm の正規分布に従うとき，メタボリックシンドロームと診断される男性の割合はどれ程か。

解答 12 ー 1 ANSWER

診断基準 $x = 85.0$ とすると標準正規変数 z は次の式に従って，

$$z = \frac{x - \mu}{\sigma}$$

であるので，$\mu = 78.0$，$\sigma = 6.5$ を代入すると $z = 1.077$ となります。したがって正規分布の z より大きい割合は次のように求められます。

●Excel による正規分布関数の確率の求め方

① $\mu = 78.0$，$\sigma = 6.5$，$x = 85.0$ の数値を 1 列に入力する。

② z の定義式に基づいて z を求める。この場合は 1.076923 となる。

③ 標準正規分布の確率は関数「NORM.S.DIST」で $-\infty$ から z までの確率として求められる。

④ 求める確率は z から $+\infty$ であるので，数式バーに例えば＝1 － NORM.S.DIST（B5，TRUE）のように入力して求める。ここで例示の B5 は z の値の入っているセル番号とする。

⑤ 0.140757 を得る。

以上から，メタボリックシンドロームの健康診断を必要とする男性の割合は 14.1％であることがわかります。

解　説 EXPLANATION

12 ー 1　正規分布

連続型確率変数の確率密度分布としての代表的な分布が**正規分布**（normal distribution）です。この正規分布は "正規" の名前でもわかるように，さまざまな現象の確率モデルで出現する最もポピュラーな分布であり，またこれから学ぶ推測統計学の基礎を形成している定理でも用いられる最も重要な分布です。

第 12 章　正規分布（その 1 ）　◎── 119

　正規分布は図 1 に示す左右対称の典型的な分布であり，平均値 μ と標準偏差 σ が与えられて形の決まる分布です。したがって正規分布は英語名の頭文字の N を用いて $N(\mu, \sigma^2)$ と略記されます。

　ちなみに，第 10 章に記述した二項分布では n, p などのパラメータが与えられて分布 $P(x)$ が決まり，母平均，母分散は計算によって求めました。一方この正規分布では平均，分散が与えられてはじめて形が決まるので，その違いに注意してください。

図 1　正規分布 $N(\mu, \sigma^2)$ の確率密度関数 $f(x)$ の形

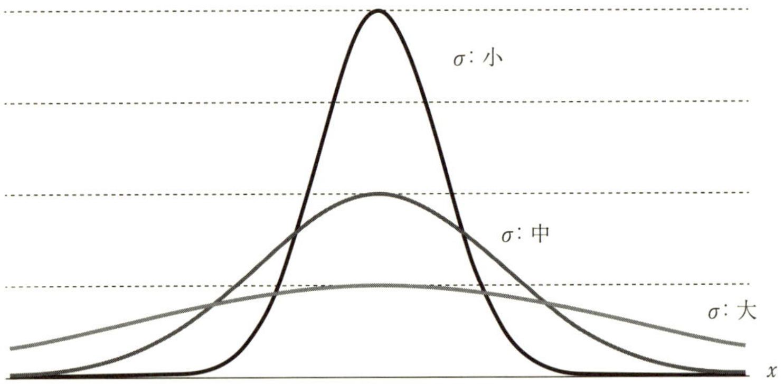

　正規分布の確率密度関数 $f(x)$ は，平均 μ，標準偏差 σ を用いて次式で与えられます。

$$f(x) = \frac{1}{\sqrt{2\pi}\sigma}\, e^{-\frac{(x-\mu)^2}{2\sigma^2}}, \; -\infty < x < \infty$$

12 − 2　標準正規分布

　正規分布はさまざまな平均値でその位置を変え，さまざまな標準偏差でその広がりを変える分布であるので，実際の問題では種々の形に変形されているといって良いでしょう。しかし，それでは確率の計算には支障があります。そこ

で，正規分布の標準化（規準化, standardizing）を行って，その形を 1 つのパターンに変換して確率を求める手法をとります。

標準化の方法は，まず平均値を 0 に平行移動し位置を固定します。この操作は $x - \mu$ と表されます。また，分布の広がりは標準偏差 σ によりさまざまに異なりますが，この広がりを 1 に変換します。これは x を σ で割ることにより行われます。結局，平均値 0 と標準偏差 1 へ変換した**標準正規変数**を z とし，

$$z = \frac{x - \mu}{\sigma}$$

と表されます。標準正規分布（standard normal distribution）は次のような形をしています。

図2　標準正規分布 $N(0,1)$ の確率密度関数 $f(z)$

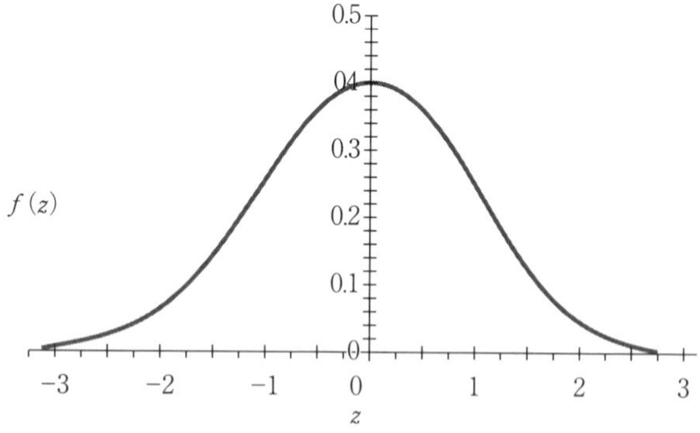

12－3　標準正規分布における確率の求め方

標準正規分布は定まった形をしていますが数学的には指数関数で表される複雑な関数で与えられる曲線です。したがって，その曲線が表す確率，つまり標準正規分布曲線の特定範囲の面積を求めるためには，その関数を積分する必要があります。数式で表すならば次のように表せます。

$$P\,(-\infty < z \le z_0) = \int_{-\infty}^{z_0} \frac{1}{\sqrt{2\pi}}\, e^{-\frac{z^2}{2}}\, dz$$

第12章　正規分布（その1）　◎── 121

　しかし，このような積分を行うのは非常に煩雑です。そこで，このような計算をせずに面積を求めることのできる数表が用意されています。付表1がそれで，この場合，$-\infty$からz_0までの面積を確率$P(-\infty < x \le z_0)$として表中の数値で表しています。もし，z_0から$+\infty$までの確率が欲しい場合は

$$P(z_0 \le z < \infty) = 1 - P(-\infty < z \le z_0)$$

として求める必要があります。なお，ここでは変数をzと表し，積分の上限をその確率を与える標準正規変数の値としてz_0と表しています。以後，このような領域の境界の値はz_0（もしくはz_1, z_2等）と表すことにします。

●Excel における標準正規分布
　この標準正規分布の確率は Excel では関数「NORM.S.DIST」で求められます。解答12-1で述べたように，この確率は$-\infty$からz_0までを表しています。

●標準正規分布の確率を求める例題
16～20歳の女性の身長が$N(160, 10^2)$の正規分布に従うとき
(1) $P(x<180)$となる確率を求めなさい。
　　《解答》
　　まずz_0を求めると

$$z_0 = \frac{180 - 160}{10} = 2$$

　　したがって付表1（p.124）より$P(z<2.0) = 0.9772$と求められる。

●Excel の場合
　　関数 NORM.S.DIST を使用し，$-\infty$から$z_0 = 2.0$までの確率であるので，NORM.S.DIST（2.0, TRUE）とする。
(2) $P(x>180)$となる確率を求めなさい。
　　《解答》
　　$P(z>2.0) = 1 - P(z<2.0) = 1 - 0.9772 = 0.0228$であるので確率は0.0228と

求められる。

●**Excel の場合**

Excel の場合は関数 $1 - \text{NORM.S.DIST}(2.0,\ \text{TRUE})$ を使用する。

(3) $P(155 < x < 170)$ となる確率を求めなさい。

《解答》

$$z_1 = \frac{170 - 160}{10} = 1.0, \quad z_2 = \frac{155 - 160}{10} = -0.5 \text{ に}$$

挟まれた領域であるので，

$$P(-0.5 \leq z \leq 1.0) = P(z \leq 1.0) - \{1 - P(z \leq 0.5)\} = 0.8413 - (1 - 0.6915)$$
$$= 0.5328$$

となる。

●**Excel の場合**

一方 Excel では，確率変数の値 z に負も使用できるので NORM.S.DIST $(1.0, \text{TRUE}) - \text{NORM.S.DIST}(-0.5,\ \text{TRUE})$ より求められる。

12 - 4 正規分布における標準偏差の意味

標準偏差とは一体何なのか。平均値は直感的にわかりやすいパラメータですが標準偏差については，バラつきの測度といわれてもピンとこないことが多いと思います。そこで，次のような値を求めて標準偏差の意味をしっかり把握しておいた方が良いでしょう。

1. 平均 μ を中心として正，負方向に標準偏差だけ離れた境界で囲まれる部分の割合

付表1を用いれば $P(z \leq 1.0) = 0.8413$ であるので，

$$P(-1 \leq z \leq 1) = P(z \leq 1) - \{1 - P(z \leq 1)\} = 0.8413 - (1 - 0.8413) = 0.6826$$

または，Excel の関数から

「$\text{NORM.S.DIST}(D3,\ \text{TRUE}) - \text{NORM.S.DIST}(-D3,\ \text{TRUE})$」より（ただし D3 に1が入力されていると仮定），0.682689 を得ます。

すなわち $\mu - \sigma$ と $\mu + \sigma$ で囲まれた正規分布の面積は 0.683 であり，68.3%

第12章　正規分布（その1）　◎―― 123

の部分がこの領域内にあることがわかります。これを次のように表現します。

$$P(-1 \leq z \leq 1) = 0.683$$

2．平均 μ を中心として標準偏差の2倍だけ離れた境界で囲まれる部分の割合
「NORM.S.DIST（D4, TRUE）－ NORM.S.DIST（－D4, TRUE）」より（ただ
し D4 に2が入力されていると仮定），0.9545 を得ます。

　すなわち $\mu-2\sigma$ と $\mu+2\sigma$ で囲まれた正規分布の面積は 0.955 であり，
95.5％がこの領域にあります。

$$P(-2 \leq z \leq 2) = 0.955$$

3．平均 μ を中心として標準偏差の3倍だけ離れた境界で囲まれる部分の割合
「NORM.S.DIST（D5, TRUE）－ NORM.S.DIST（－D5, TRUE）」より（ただ
し D5 に3が入力されていると仮定），0.9973 を得ます。

　すなわち $\mu-3\sigma$ と $\mu+3\sigma$ で囲まれた正規分布の面積は 0.997 であり，
99.7％がこの領域にあります。

$$P(-3 \leq z \leq 3) = 0.997$$

第12章　練習問題

【問題 12－1】

　次の問題をまず付表1を用いて求め，次に Excel を用いて求めなさい。

1．z が標準正規分布 $N(0, 1)$ に従う確率変数であるとき，次の値はいくらか。
　（ア）$P(z \leq 0.53)$
　（イ）$P(z \leq -1.25)$
　（ウ）$P(z \geq 1.83)$
　（エ）$P(z \geq -1.57)$
　（オ）$P(-1.2 \leq z \leq 1.2)$
　（カ）$P(-1.24 \leq z \leq 0.53)$

付表 1　標準正規分布 $N(0,1)$ における $P(-\infty < z < z_0)$

z_0	0.00	0.01	0.02	0.03	0.04	0.05	0.06	0.07	0.08	0.09
0.0	0.5000	0.5040	0.5080	0.5120	0.5160	0.5199	0.5239	0.5279	0.5319	0.5359
0.1	0.5398	0.5438	0.5478	0.5517	0.5557	0.5596	0.5636	0.5675	0.5714	0.5753
0.2	0.5793	0.5832	0.5871	0.5910	0.5948	0.5987	0.6026	0.6064	0.6103	0.6141
0.3	0.6179	0.6217	0.6255	0.6293	0.6331	0.6368	0.6406	0.6443	0.6480	0.6517
0.4	0.6554	0.6591	0.6628	0.6664	0.6700	0.6736	0.6772	0.6808	0.6844	0.6879
0.5	0.6915	0.6950	0.6985	0.7019	0.7054	0.7088	0.7123	0.7157	0.7190	0.7224
0.6	0.7257	0.7291	0.7324	0.7357	0.7389	0.7422	0.7454	0.7486	0.7517	0.7549
0.7	0.7580	0.7611	0.7642	0.7673	0.7704	0.7734	0.7764	0.7794	0.7823	0.7852
0.8	0.7881	0.7910	0.7939	0.7967	0.7995	0.8023	0.8051	0.8078	0.8106	0.8133
0.9	0.8159	0.8186	0.8212	0.8238	0.8264	0.8289	0.8315	0.8340	0.8365	0.8389
1.0	0.8413	0.8438	0.8461	0.8485	0.8508	0.8531	0.8554	0.8577	0.8599	0.8621
1.1	0.8643	0.8665	0.8686	0.8708	0.8729	0.8749	0.8770	0.8790	0.8810	0.8830
1.2	0.8849	0.8869	0.8888	0.8907	0.8925	0.8944	0.8962	0.8980	0.8997	0.9015
1.3	0.9032	0.9049	0.9066	0.9082	0.9099	0.9115	0.9131	0.9147	0.9162	0.9177
1.4	0.9192	0.9207	0.9222	0.9236	0.9251	0.9265	0.9279	0.9292	0.9306	0.9319
1.5	0.9332	0.9345	0.9357	0.9370	0.9382	0.9394	0.9406	0.9418	0.9429	0.9441
1.6	0.9452	0.9463	0.9474	0.9484	0.9495	0.9505	0.9515	0.9525	0.9535	0.9545
1.7	0.9554	0.9564	0.9573	0.9582	0.9591	0.9599	0.9608	0.9616	0.9625	0.9633
1.8	0.9641	0.9649	0.9656	0.9664	0.9671	0.9678	0.9686	0.9693	0.9699	0.9706
1.9	0.9713	0.9719	0.9726	0.9732	0.9738	0.9744	0.9750	0.9756	0.9761	0.9767
2.0	0.9772	0.9778	0.9783	0.9788	0.9793	0.9798	0.9803	0.9808	0.9812	0.9817
2.1	0.9821	0.9826	0.9830	0.9834	0.9838	0.9842	0.9846	0.9850	0.9854	0.9857
2.2	0.9861	0.9864	0.9868	0.9871	0.9875	0.9878	0.9881	0.9884	0.9887	0.9890
2.3	0.9893	0.9896	0.9898	0.9901	0.9904	0.9906	0.9909	0.9911	0.9913	0.9916
2.4	0.9918	0.9920	0.9922	0.9925	0.9927	0.9929	0.9931	0.9932	0.9934	0.9936
2.5	0.9938	0.9940	0.9941	0.9943	0.9945	0.9946	0.9948	0.9949	0.9951	0.9952
2.6	0.9953	0.9955	0.9956	0.9957	0.9959	0.9960	0.9961	0.9962	0.9963	0.9964
2.7	0.9965	0.9966	0.9967	0.9968	0.9969	0.9970	0.9971	0.9972	0.9973	0.9974
2.8	0.9974	0.9975	0.9976	0.9977	0.9977	0.9978	0.9979	0.9979	0.9980	0.9981
2.9	0.9981	0.9982	0.9982	0.9983	0.9984	0.9984	0.9985	0.9985	0.9986	0.9986
3.0	0.9987	0.9987	0.9987	0.9988	0.9988	0.9989	0.9989	0.9989	0.9990	0.9990
3.1	0.9990	0.9991	0.9991	0.9991	0.9992	0.9992	0.9992	0.9992	0.9993	0.9993
3.2	0.9993	0.9993	0.9994	0.9994	0.9994	0.9994	0.9994	0.9995	0.9995	0.9995
3.3	0.9995	0.9995	0.9995	0.9996	0.9996	0.9996	0.9996	0.9996	0.9996	0.9997
3.4	0.9997	0.9997	0.9997	0.9997	0.9997	0.9997	0.9997	0.9997	0.9997	0.9998
3.5	0.9998	0.9998	0.9998	0.9998	0.9998	0.9998	0.9998	0.9998	0.9998	0.9998
3.6	0.9998	0.9998	0.9999	0.9999	0.9999	0.9999	0.9999	0.9999	0.9999	0.9999

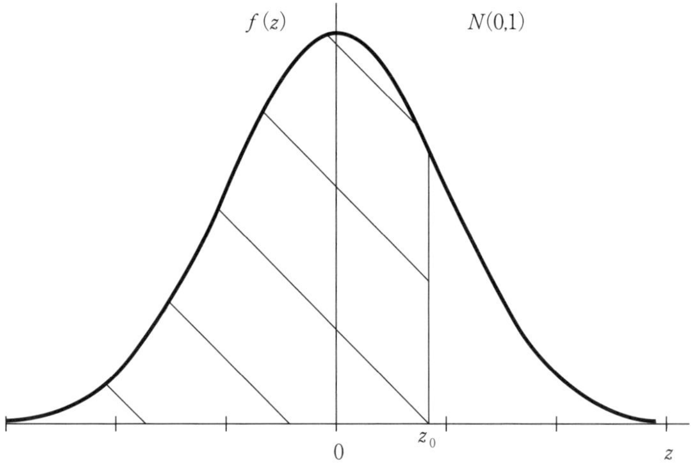

第12章　正規分布（その1）　◎── 125

2．英語のテスト TOEIC の分布が正規分布 $N(382,\ 15^2)$ に従うとき
　（ア）成績が 400 点以上の人の割合はいくらか。
　（イ）英語のクラス A は TOEIC スコアが 370 点から 385 点までの人が履修できるとすると，クラス A のレベルに合う人の割合はいくらか。

3．お米を袋に詰めて 1,000g 入りとして販売する。1 袋に入っている米の重量が平均 1,003g，標準偏差 2g の正規分布であるとするとき
　（ア）1,000g 未満の米しか入っていない袋の割合はどれほどか。
　（イ）998g ～ 1,004g の間の重量の米が入っている袋の割合はどれほどか。

第13章
正規分布
（その2）

考えてみよう 13 − 1
　統計学の期末試験の成績が平均点 73.4 点，標準偏差 6.2 点の正規分布に従っている。このとき成績上位 30% 以内の履修者に A をつけるとすると，A にするには何点以上が必要か。

考えてみよう 13 − 2
　ある市場調査でいま無作為に選んだ 100 人の住所にアンケートを郵送することになったとします。しかしアンケートの回収率は低いのが常であり，今回も任意の 1 人の回収の確率は，過去の経験から 0.18 であることがわかっているとします。この場合に少なくとも 12 通回収し得る確率はどれほどか求めてみましょう。

解答 13 － 1

ANSWER

標準正規分布の z_0 から $+\infty$ の確率が 0.3 であるためには、$-\infty$ から z_0 までの確率 0.7 を与える標準正規変数 z_0 をまず求める必要があります。付表2（p.134）は確率から標準正規変数 z_0 を求める表です。これより 0.70 を与える値を求めると $z_0 = 0.5244$ であるので

$$x = \mu + z_0 \sigma = 73.4 + 0.5244 \times 6.2 = 76.65$$

となり、成績が A となるためには 77 点以上が必要であることがわかります。

●Excel によって確率から z を求める方法

① 平均値、標準偏差、必要な確率、73.4、6.2、0.3 を一列に入力する。

② 標準正規分布の逆関数「NORM.S.INV」を用いる。この関数は $-\infty$ から z_0 までの確率からその面積の境界の値 z_0 を出力する関数であるので、確率は 1 − B3（0.3 がセル番号 B3 にあると仮定）として z_0 から $+\infty$ の確率を $-\infty$ から z_0 に変換する。

③ 0.5244 を得る。

④ 標準正規変数から次の式に従って x を求める。

$$x = \mu + z_0 \sigma$$

⑤ $x = 76.65$ を得る。

以上から、77 点以上の点を取っていれば成績が A となることがわかります。

第 13 章　正規分布（その 2）　◎── 129

解　説　EXPLANATION

13 − 1 　標準正規分布の逆関数

　逆関数とは標準正規変数で表される値 z_0 が与えられていて確率 $P(-\infty < z \leq z_0)$ を求めるのではなく，逆に $-\infty$ から値 z_0 までの確率（この確率のことを特に Q と表す）が与えられて，その確率の面積を与える境界の値 z_0 を求める関数です。逆問題も「考えてみよう 13 − 1」のように実用上しばしば用いられます。

1．標準正規分布の面積から z_0 を求める逆問題

　この場合には面積 Q から逆に境界の値 z_0 がわかる数表が作られています。付表 2 がそれです。ここでは $-\infty$ から z_0 までの確率 $P(-\infty < z \leq z_0)$ を面積 Q とし，その境界の値 z_0 が表に示されています。

　また，Excel では「解答 13 − 1」で示したように，Excel で用意されている関数「NORM.S.INV」を用います。この関数は確率を「NORM.S.DIST」と同じく $-\infty$ から z_0 までと定義したものです。したがってダイアログボックスの確率の部分には $-\infty$ から z_0 までの確率の値を入力します。

2．確率 Q から境界の値 z_0 を求める例題

　（ア）$P(z < z_0) = 0.606$ となる z_0 を求めなさい。

　　　　付表 2 から $z_0 = 0.2689$ を得ます。

　　　　Excel では NORM.S.INV(0.606) より z_0 は 0.268909

　（イ）$P(z > z_0) = 0.05$ となる z_0 を求めなさい。

　　　　$-\infty$ から z_0 までの確率に変更します。確率 Q $= 1 - 0.05 = 0.95$ となります。したがって，付表 2 より $z_0 = 1.6449$ を得ます。

　　　　Excel では NORM.S.INV(1 − 0.05) より z_0 は 1.644854

　（ウ）$P(-z_0 < z < z_0) = 0.95$ となる z_0 を求めなさい。

　　　　領域を半分にし，0.5 を加えて $-\infty$ から z_0 までの確率に変更します。

$Q = 0.5 + \dfrac{0.95}{2} = 0.975$ であるので，付表 2 より $z_0 = 1.9600$ を得ます。

Excel では NORM.S.INV（0.5+0.95/2）より z_0 は 1.959964 となります。

上のように導出した標準正規変数 z_0 から，確率変数 x を求めるには，第 12 章 12 - 2 節の標準正規変数の定義式を x で解いた次の式によります。

$$x = \mu + z_0 \sigma$$

13 - 2　二項分布の正規分布近似

第 10 章で述べたように，二項分布は，ある "x 以上" やまたは "x 未満" の確率を求める場合には，領域内の各 x の確率をすべて計算して合計しなければならないという操作が必要でした。したがって，Excel を用いて計算する場合でも結構面倒なものです。まして手計算では非常に大変です。一例として次の例題を見てください。

［例題］S 大学の K 学部の学生の 40％は女子である。学生数は充分大きいとして，学生全体から 15 人を無作為に選んだ時，7 人以上が女子である確率を求めなさい。

$$f(7) = {}_{15}C_7 0.4^7 (1 - 0.4)^{15-7}$$
$$f(8) = {}_{15}C_8 0.4^8 (1 - 0.4)^{15-8}$$
$$f(9) = {}_{15}C_9 0.4^9 (1 - 0.4)^{15-9}$$
$$\vdots$$

この場合，$f(x \geq 7) = f(7) + f(8) + f(9) + \cdots + f(15)$ として求めるか，または，$f(x \geq 7) = 1 - \{f(0) + f(1) + f(2) + \cdots + f(6)\}$ として求めることになり，いずれにしても計算が大変です。

しかし幸いなことに，二項分布は次の条件のいずれかを満たす場合には正規分布で近似できることがわかっています。

第13章 正規分布（その2） ◎── 131

●二項分布を正規分布で近似する場合の条件

(1) 試行回数 n が大きく，成功確率が $p \cong 0.5$ であるとき（ただし，$\cong$ はほぼ等しいという意味です）

または，

(2) $np>5$ かつ $nq=n(1-p)>5$ であるとき

この条件により正規分布近似が使えるときには，二項分布を正規分布とみなせます。第10章で述べたように二項分布の平均と分散は次のように与えられます。

$$\mu = np$$
$$\sigma^2 = np(1-p) = npq$$

これにより二項分布 $B(n, p)$ を正規分布 $N(\mu, \sigma^2)$ に置き換えて使うことができます。そうすると，この例題の場合には，7人以上というような問題も1回の計算で求められることになります。

13-3 連続修正

離散分布を正規分布近似する場合には，注意すべき点があります。図1は離散分布を正規分布曲線で近似したときの一部を示しています。離散分布では，例えば $x=7$ の確率は $p(7)$ で表されますが，図1に示すように正規分布近似の場合は幅1で高さ $p(7)$ の棒の面積と解釈し直し，$6.5<x<7.5$ の面積を確率と考えることになります。したがって，7以上の確率を求める場合には7ではなく，この部分の面積を含めて6.5以上と考えることが必要となります。同様に7以下であれば，$6.5<x<7.5$ の部分を含めるのですから7.5以下ということになります。このような補正を「**連続修正**」と呼び，これを忘れると二項分布の正規分布近似が成り立たなくなりますので注意が必要です。

13 − 4 二項分布において正規分布近似を用いる例

図1 離散分布と正規分布との違いの例

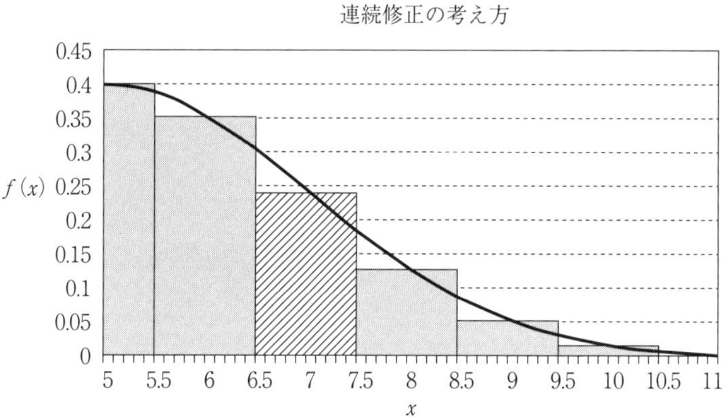

連続修正の考え方

解答 13 − 2　　　　　　　　　　　ANSWER

　この場合は二項分布の正規分布近似が成立します。$n=100$，$p=0.18$ であるので二項分布の平均値 $\mu=np=18$ であり，$np=18>5$ です。そして，$nq=82>5$ ですので，正規分布近似の条件（2）が適用できます。

　このとき，分散 $\sigma^2=npq=14.76$，したがって $\sigma=3.842$ となります。これより近似する正規分布は $N(18, 14.76)$ となります。求めたい確率は 12 通以上であるので $x=11.5$ と連続修正を行って，境界の値 z_0 は

$$z_0 = \frac{11.5-18}{3.842} = -1.69$$

と求められます。$z_0=-1.69$ 以上の確率を Excel で求める場合は，例えば数式バーに「=1−NORM.S.DIST(B6,TRUE)」として求めます。ただし，値 z_0 の数値が B6 のセルにあるとしています。結果として 0.95467 を得ます。つまり，12 通以上の回答を得る確率は 95.5％という高い確率であることがわかります。

第 13 章　正規分布（その 2）　◎── 133

第 13 章　練習問題

【問題 13 － 1】

統計学の試験の点数は平均 55 点，標準偏差 12 点の正規分布に従うとする。
- （ア）下位 10% を不合格にするとき，何点以上取らねば単位が取得できないか。
- （イ）単位を取得した者の上位 5 ％に S をつけるとすれば，S をとるには，何点以上取らねばならないか。

【問題 13 － 2】

女性の身長の分布が正規分布 $N(165, 5^2)$ に従って分布している（単位 cm）とするとき次の問いに答えなさい。
- （ウ）M サイズの表示のある服は身長 161 ～ 166.5cm の人が着られるとすれば，M サイズの服を着られる女性の割合はどれほどか。
- （エ）LL サイズの服を着られる女性の割合を 0.1 とするとき，LL サイズが着られる女性の身長は何 cm 以上か。

【問題 13 － 3】

ある食品会社で生産される瓶詰めのお酢の内容量は 500ml と表示され，製品は正規分布 $N(500, 1.0^2)$ に従って生産されている（単位 ml）。生産後の検査で内容量が 498.5 ～ 501.5ml の範囲にあれば合格とする。
- （オ）合格する割合はどれほどか。
- （カ）平均が変化したために 501.5ml を超えてしまう割合が 0.24 になったとする。平均はいくらになったか。ただし，標準偏差は変わらないものとする。

【問題 13 － 4】

S 大学の K 学部の学生の 40％は女子である。学生数は充分大きいとして，学生全体から 15 人を無作為に選んだ時，7 人以上が女子である確率を二項分布の正規分布近似で求めなさい。

【問題 13 － 5】

50 名の学生が所属しているクラブの合宿がある。事前には全員出席予定であるのだが，過去の経験から各人が独立に確率 0.2 で当日キャンセルする可能性がある。いま幹事がそれを見越して，42 人分の宿泊をホテルに予約した。この場合に余りが出る確率および不足が出る確率を二項分布の正規分布近似で求めなさい。

付表 2 標準正規分布 $N(0,1)$ の確率 Q における境界の値 z_0

Q	.000	.001	.002	.003	.004	.005	.006	.007	.008	.009
.50	0.0	0.0025	0.0050	0.0075	0.0100	0.0125	0.0150	0.0175	0.0201	0.0226
.51	0.0251	0.0276	0.0301	0.0326	0.0351	0.0376	0.0401	0.0426	0.0451	0.0476
.52	0.0502	0.0527	0.0552	0.0577	0.0602	0.0627	0.0652	0.0677	0.0702	0.0728
.53	0.0753	0.0778	0.0803	0.0828	0.0853	0.0878	0.0904	0.0929	0.0954	0.0979
.54	0.1004	0.1030	0.1055	0.1080	0.1105	0.1130	0.1156	0.1181	0.1206	0.1231
.55	0.1257	0.1282	0.1307	0.1332	0.1358	0.1383	0.1408	0.1434	0.1459	0.1484
.56	0.1510	0.1535	0.1560	0.1586	0.1611	0.1637	0.1662	0.1687	0.1713	0.1738
.57	0.1764	0.1789	0.1815	0.1840	0.1866	0.1891	0.1917	0.1942	0.1968	0.1993
.58	0.2019	0.2045	0.2070	0.2096	0.2121	0.2147	0.2173	0.2198	0.2224	0.2250
.59	0.2275	0.2301	0.2327	0.2353	0.2378	0.2404	0.2430	0.2456	0.2482	0.2508
.60	0.2533	0.2559	0.2585	0.2611	0.2637	0.2663	0.2689	0.2715	0.2741	0.2767
.61	0.2793	0.2819	0.2845	0.2871	0.2898	0.2924	0.2950	0.2976	0.3002	0.3029
.62	0.3055	0.3081	0.3107	0.3134	0.3160	0.3186	0.3213	0.3239	0.3266	0.3292
.63	0.3319	0.3345	0.3372	0.3398	0.3425	0.3451	0.3478	0.3505	0.3531	0.3558
.64	0.3585	0.3611	0.3638	0.3665	0.3692	0.3719	0.3745	0.3772	0.3799	0.3826
.65	0.3853	0.3880	0.3907	0.3934	0.3961	0.3989	0.4016	0.4043	0.4070	0.4097
.66	0.4125	0.4152	0.4179	0.4207	0.4234	0.4261	0.4289	0.4316	0.4344	0.4372
.67	0.4399	0.4427	0.4454	0.4482	0.4510	0.4538	0.4565	0.4593	0.4621	0.4649
.68	0.4677	0.4705	0.4733	0.4761	0.4789	0.4817	0.4845	0.4874	0.4902	0.4930
.69	0.4959	0.4987	0.5015	0.5044	0.5072	0.5101	0.5129	0.5158	0.5187	0.5215
.70	0.5244	0.5273	0.5302	0.5330	0.5359	0.5388	0.5417	0.5446	0.5476	0.5505
.71	0.5534	0.5563	0.5592	0.5622	0.5651	0.5681	0.5710	0.5740	0.5769	0.5799
.72	0.5828	0.5858	0.5888	0.5918	0.5948	0.5978	0.6008	0.6038	0.6068	0.6098
.73	0.6128	0.6158	0.6189	0.6219	0.6250	0.6280	0.6311	0.6341	0.6372	0.6403
.74	0.6433	0.6464	0.6495	0.6526	0.6557	0.6588	0.6620	0.6651	0.6682	0.6713
.75	0.6745	0.6776	0.6808	0.6840	0.6871	0.6903	0.6935	0.6967	0.6999	0.7031
.76	0.7063	0.7095	0.7128	0.7160	0.7192	0.7225	0.7257	0.7290	0.7323	0.7356
.77	0.7388	0.7421	0.7454	0.7488	0.7521	0.7554	0.7588	0.7621	0.7655	0.7688
.78	0.7722	0.7756	0.7790	0.7824	0.7858	0.7892	0.7926	0.7961	0.7995	0.8030
.79	0.8064	0.8099	0.8134	0.8169	0.8204	0.8239	0.8274	0.8310	0.8345	0.8381
.80	0.8416	0.8452	0.8488	0.8524	0.8560	0.8596	0.8633	0.8669	0.8705	0.8742
.81	0.8779	0.8816	0.8853	0.8890	0.8927	0.8965	0.9002	0.9040	0.9078	0.9116
.82	0.9154	0.9192	0.9230	0.9269	0.9307	0.9346	0.9385	0.9424	0.9463	0.9502
.83	0.9542	0.9581	0.9621	0.9661	0.9701	0.9741	0.9782	0.9822	0.9863	0.9904
.84	0.9945	0.9986	1.0027	1.0069	1.0110	1.0152	1.0194	1.0237	1.0279	1.0322
.85	1.0364	1.0407	1.0450	1.0494	1.0537	1.0581	1.0625	1.0669	1.0714	1.0758
.86	1.0803	1.0848	1.0893	1.0939	1.0985	1.1031	1.1077	1.1123	1.1170	1.1217
.87	1.1264	1.1311	1.1359	1.1407	1.1455	1.1503	1.1552	1.1601	1.1650	1.1700
.88	1.1750	1.1800	1.1850	1.1901	1.1952	1.2004	1.2055	1.2107	1.2160	1.2212
.89	1.2265	1.2319	1.2372	1.2426	1.2481	1.2536	1.2591	1.2646	1.2702	1.2759
.90	1.2816	1.2873	1.2930	1.2988	1.3047	1.3106	1.3165	1.3225	1.3285	1.3346
.91	1.3408	1.3469	1.3532	1.3595	1.3658	1.3722	1.3787	1.3852	1.3917	1.3984
.92	1.4051	1.4118	1.4187	1.4255	1.4325	1.4395	1.4466	1.4538	1.4611	1.4684
.93	1.4758	1.4833	1.4909	1.4985	1.5063	1.5141	1.5220	1.5301	1.5382	1.5464
.94	1.5548	1.5632	1.5718	1.5805	1.5893	1.5982	1.6072	1.6164	1.6258	1.6352
.95	1.6449	1.6546	1.6646	1.6747	1.6849	1.6954	1.7060	1.7169	1.7279	1.7392
.96	1.7507	1.7624	1.7744	1.7866	1.7991	1.8119	1.8250	1.8384	1.8522	1.8663
.97	1.8808	1.8957	1.9110	1.9268	1.9431	1.9600	1.9774	1.9954	2.0141	2.0335
.98	2.0537	2.0749	2.0969	2.1201	2.1444	2.1701	2.1973	2.2262	2.2571	2.2904
.99	2.3263	2.3656	2.4089	2.4573	2.5121	2.5758	2.6521	2.7478	2.8782	3.0902

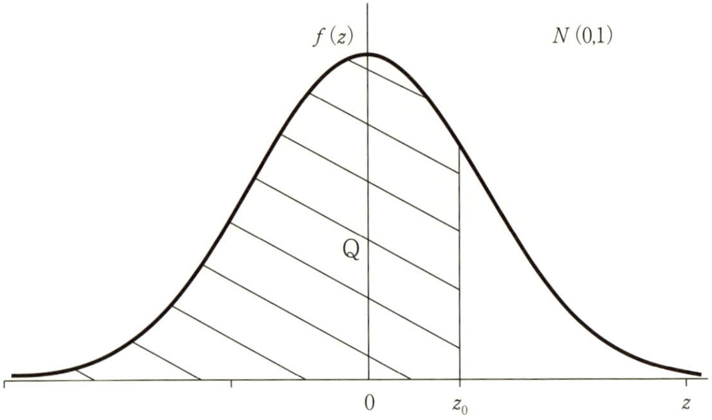

第 13 章　正規分布（その 2）　◎── 135

$f(z)$　　　　　$N(0,1)$

Q

0　z_0　　　　z

第 **14** 章

標本分布と中心極限定理

・・・

考えてみよう 14－1

次の母集団から大きさ 2 の標本をとるとき，その大き
さ 2 の組み合わせのすべての可能性を考えてできる標本
の平均値 $\bar{x}$ の分布を描きなさい。またその平均値 $\bar{x}$ の
分布の平均値と分散，標準偏差を求めなさい。

母集団：1，3，5，7，9

解答 14 － 1

ANSWER

　問題の母集団から大きさ2の組み合わせのすべてを標本としてとるとすると，次のようになります。

　　1,3　　1,5　　1,7　　1,9

　　3,5　　3,7　　3,9

　　5,7　　5,9

　　7,9

これらの標本の標本平均値 $\overline{X}$ は，それぞれについて次のようになります。

　　2　　3　　4　　5

　　4　　5　　6

　　6　　7

　　8

　つまり，標本平均値 $\overline{X}$ とは，抽出した標本によってさまざまに異なる値であり，統計学の言葉にすれば「分布をしている」ことになります。そこで，これを $\overline{X}$ の分布として整理すると次の表1のようになりました。

　この表で確率とは，相対度数として求めた値です。また，表1の確率分布をヒストグラムとして描いてみると，標本平均値 $\overline{X}$ の確率分布グラフが得られ，図1のようになりました。

表1　標本平均 $\overline{X}$ の確率分布

平均値	度　数	確　率
2	1	0.1
3	1	0.1
4	2	0.2
5	2	0.2
6	2	0.2
7	1	0.1
8	1	0.1
合　計	10	1

第14章　標本分布と中心極限定理　◎── 139

図1　標本の大きさ2の標本平均値の分布（標本分布）

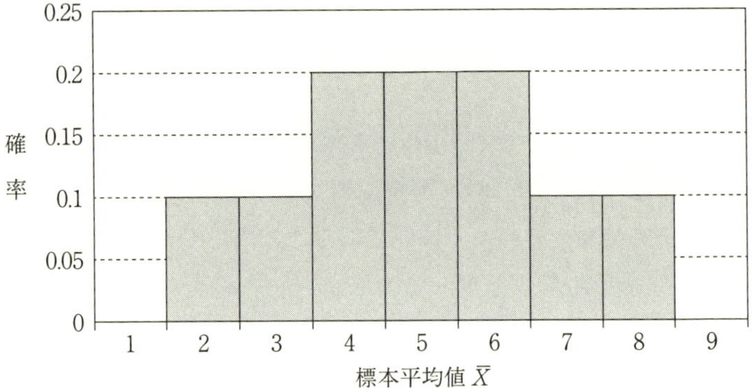

この標本平均値 $\bar{X}$ の分布の平均値 $\mu_{\bar{x}}$ は第9章9-5「母集団における平均値，分散と標準偏差」の項目によって与えられる式により計算できます。

$$\mu_{\bar{x}} = E(\bar{X}) = \sum \bar{X}_i \, p(\bar{X}_i) = 2 \times 0.1 + 3 \times 0.1 + 4 \times 0.2 + \cdots + 8 \times 0.1 = 5$$

同様にしてこの分布 $\bar{X}$ の分散 $\sigma_{\bar{x}}^2$ は次の式で求められます。

$$\sigma_{\bar{x}}^2 = E\left[(\bar{X}_i - \mu_{\bar{x}})^2\right] = \sum (\bar{X}_i - \mu_{\bar{x}})^2 \, p(\bar{X}_i) = (2-5)^2 \times 0.1 + (3-5)^2 \times 0.1 +$$

$$\cdots + (8-5)^2 \times 0.1 = 3$$

これから標準偏差は

$$\sigma_{\bar{x}} = \sqrt{\sigma_{\bar{x}}^2} = \sqrt{3} = 1.732$$

となります。

140 ──◎

解　説　　　　　　　　　　　　　EXPLANATION

14 − 1　標本分布

　母集団から無作為抽出で標本を抽出する場合には，同じ標本が得られること
はまず考えられません。同じ目的の世論調査を A 新聞社と B テレビ局が行っ
たとしても，その結果がまったく同じであることはなく，異なっていても何ら
不思議ではありません。したがって A 新聞社の出した標本平均値 $\bar{X}_A$ と B テ
レビ局が求めた標本平均値 $\bar{X}_B$ とは異なり，このような調査が多くの報道機関
で行われた場合，さまざまな $\bar{X}$ が現れます。すなわち，標本平均値 $\bar{X}$ 自身が
統計量 (statistics) として分布することがわかります。

　以後の章で記述する推測統計学では，たまたま得られた標本から母集団の性
質を推測しなければなりません。そこでまず，この例題のように，ある母集団
から抽出して標本となる可能性のあるすべての場合を対象としてその標本平均
値 $\bar{X}$ の振る舞いを調べるために，その確率分布をつくります。これを「**標本
分布** (sample distribution)」といいます。この標本分布の性質を明らかにすれば
標本から母集団の**パラメータ** (parameter, 母平均や母分散，母標準偏差などのこと)
が推測できる手がかりが得られるわけです。

▽母集団のパラメータと標本分布のパラメータの関係

　「考えてみよう 14 − 1」の母集団は 1，3，5，7，9 がそれぞれ 1 つずつ，し
たがって 5 つの数の中から 1 つを取りだすことであるので，各元（1 から 9 の 5
つの確率変数のこと）を取り出す確率は，どれも等しく 0.2 という一様分布です。
この母集団分布の母平均値 μ，母分散 σ^2，母標準偏差 σ は次のようになります。

$$\mu = \frac{1}{5}\,(1+3+5+7+9) = 5$$

$$\sigma^2 = \left\{\left((1-5)^2 \times 0.2 + (3-5)^2 \times 0.2 + \cdots + (9-5)^2 \times 0.2\right)\right\} = 8$$

$$\sigma = \sqrt{\sigma^2} = \sqrt{8} = 2.828$$

第 14 章　標本分布と中心極限定理　◎—— 141

　一方，得られた標本分布の確率分布は表 1 であり，平均値と分散，標準偏差は

$$\mu_{\bar{x}} = 5,\ \sigma_{\bar{x}}^2 = 3,\ \sigma_{\bar{x}} = 1.732$$

でした。これを比較すると母集団のパラメータと標本分布のパラメータの関係がわかります。

　(1) 標本分布の平均値 $\mu_{\bar{x}}$ は母集団の平均値 μ に等しい。
　(2) 標本分布の標準偏差 $\sigma_{\bar{x}}$ は，母集団の標準偏差 σ より小さい。

　標本分布の標準偏差が母集団の標準偏差より小さくなるのは，次のように考えればわかります。例えば無作為抽出でたまたま大きな観測値が得られたとしても，他の観測値もそのような大きな値になる確率は低く，抽出されやすい（確率の高い）部分，つまり母集団分布の山の部分（平均値の近傍）の値が得られるはずです。すると，それらの平均値は異常値の影響が薄まって平均値に近くなるはずです。したがって平均値の分布（標本分布）のばらつきは母集団の平均値の近い所に集まってばらつくはずです。このようにして標本分布の標準偏差は母集団の標準偏差よりも小さくなるであろうと推測できます。

14 － 2　　大数の法則

　「考えてみよう 14 － 1」で無作為に取る標本の大きさ n を 2 でなく 3 や 4 として行った場合はどうなるかを考えます。たまたま非常に大きい値が得られた時に，大きさ 2 の場合の平均と，3 や 4 の場合の平均では，上述したように標本の大きさが大きい方がその異常値の影響が薄まってくるのではないだろうかと予測できます。事実，一般的には次のような図で表されます。つまり n が大きくなれば平均値 μ の周りのバラツキが小さくなってきます。これを法則として表したものを**大数の法則**（law of large numbers）といいます。

図2　大数の法則　$n \rightarrow$ 大の時の分布の変化

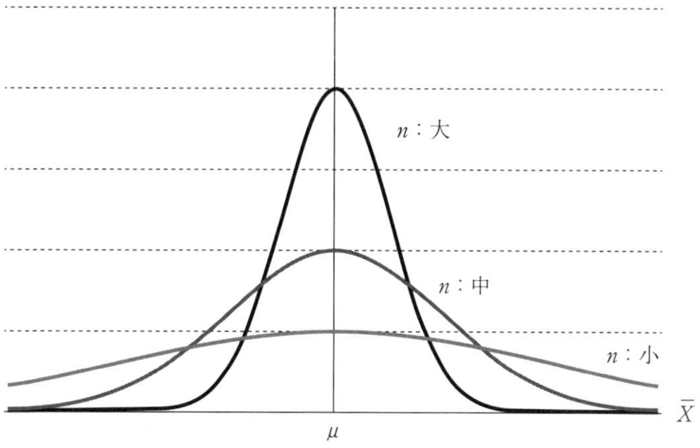

●大数の法則

$X_1,\ X_2 \cdots X_n$ を平均 μ の母集団からの大きさ n の無作為標本であるとし，標本平均 $\bar{X} = \dfrac{1}{n}\sum X_i$ とする。このとき任意の正の定数 ε に対して

$$P\left\{\left|\bar{X} - \mu\right| < \varepsilon\right\} \rightarrow 1,\ n \rightarrow \infty \ \text{のとき}$$

が成り立つ。

14-3　標本分布の平均値，分散と標準偏差の理論値

母集団のパラメータ（平均 μ，分散 σ^2，標準偏差 σ）と標本分布のパラメータ（平均 $\mu_{\bar{x}}$，分散 $\sigma_{\bar{x}}^2$，標準偏差 $\sigma_{\bar{x}}$）の理論的な関係は次の式のように表されます。

まず，標本分布の平均値 $\mu_{\bar{x}}$ は

$$\mu_{\bar{x}} = \mu$$

となります。

次に，標本分布の分散は有限母集団と無限母集団の場合に分けられます。

▽有限母集団

　大きさ N の有限母集団の場合には大きさ n の標本抽出を行った標本分布で

$$\sigma_{\bar{x}}^2 = \frac{\sigma^2}{n} \frac{N-n}{N-1}$$

と与えられます。したがって「考えてみよう 14 - 1」の場合では $\sigma^2=8$，$\sigma_{\bar{x}}^2$ =3 であるので，

$$3 = \frac{8}{2} \frac{5-2}{5-1}$$

として上の式が成立しています。

▽無限母集団

　無限母集団の場合，正規母集団の場合には

$$\sigma_{\bar{x}}^2 = \frac{\sigma^2}{n}$$

となります。

　なお，上記の有限母集団の場合でも N が十分大きければ N についての分数の部分はほぼ 1 に等しく，無限母集団の式が適用されます。いずれの場合にも分母に n があり，標本の大きさ n が大きくなれば標本分布の分散は小さくなり，平均値の周りに集まってくることがわかります。

　標準偏差はいずれの場合でも

$$\sigma_{\bar{x}} = \sqrt{\sigma_{\bar{x}}^2}$$

で与えられます。

14 − 4　中心極限定理

標本の大きさ n が大きい場合には標本分布に関して**中心極限定理**（central limit theorem）と呼ばれる次のような重要な性質があります。これは母集団がどのような分布であっても成立する定理であり、推測統計学の基盤をなす最も重要な大定理です。

> ●**中心極限定理**
>
> 　母集団が平均 μ、分散 σ^2 の確率分布をもつとき、大きさ n の無作為標本に基づいて計算される標本平均 $\bar{X}$ の分布は、n が大きくなるとき正規分布 $N(\mu, \dfrac{\sigma^2}{n})$ に近づく。

この正規分布に対応する標準正規分布では、標準正規変数 z への変換は次の式によります。

$$z = \frac{\bar{X} - \mu}{\sigma / \sqrt{n}}$$

次の図3と図4は中心極限定理が成立しているかどうかを Excel を用いてシミュレーションを行った結果です。図3は母集団分布です。中心極限定理が教えるところによると母集団分布はどのような分布でもかまわないことになっているので、このシミュレーションでは、非常に特異な分布を仮定してみました。

このような特異な母集団分布から、今乱数を発生させて無作為抽出を行い、$n=10$ の大きさの標本を 500 つくり、それぞれの標本平均 $\bar{X}$ の分布を描いたところ図4に示すような標本分布が得られました。図4は母集団分布の形とはことなり、正規分布の形に近いことが見て取れます。中心極限定理による理論値とシミュレーション結果を対比してみますと表2のようになりました。中心極限定理が正しいことが示されています。

第 14 章　標本分布と中心極限定理　◎──145

図3　標本抽出した母集団分布

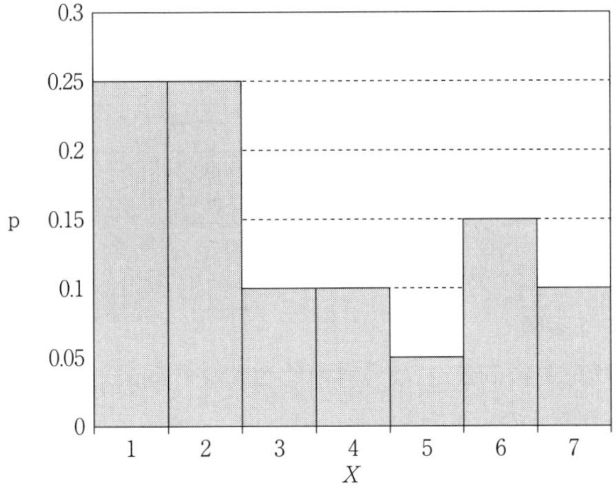

図4　n＝10 の標本分布

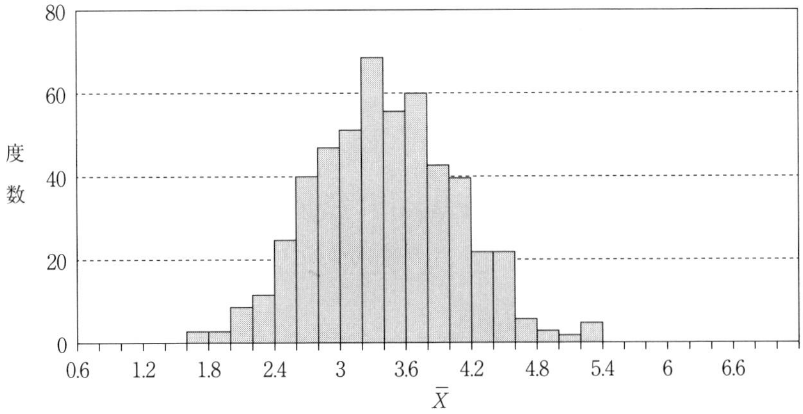

表2 シミュレーション結果のまとめ

	母集団	中心極限定理による正規分布の理論値	シミュレーション結果（n=10）
平　　均	3.3	3.3	3.27
分　　散	4.41	0.441	0.399
標準偏差	2.1	0.664	0.632

14－5　0－1変数

　二項分布は第10章で述べたように，成功の確率をpとしn回のベルヌーイ試行での成功回数xの分布を表すものでした。これは成功を確率変数1とし，失敗を0とした時の次の表で表される確率分布とみることもできます。このような「**0－1変数**」のことを「**ダミー変数**」とも呼びます。図5は0－1変数の分布を表したものです。

確率変数	確　率
0	$1-p$
1	p

図5　成功確率 p=0.4 の場合の 0－1 変数を用いた確率分布

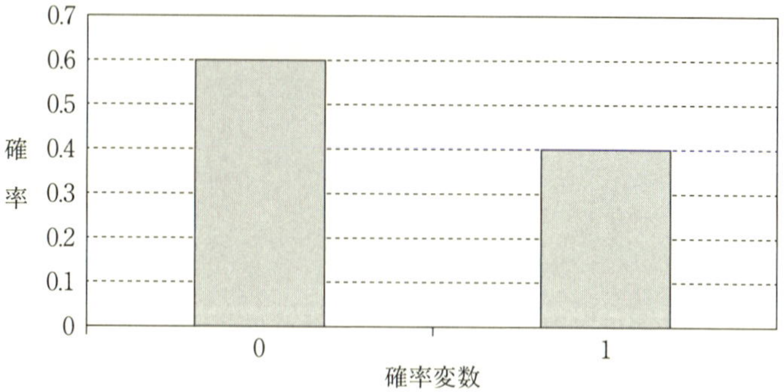

第14章　標本分布と中心極限定理　◎── 147

　例えばある資格試験に 10 人の学生がチャレンジして，合格した者を 1, 不合格を 0 として次のようになったとします。

　　1　　0　　1　　1　　0　　1　　1　　1　　0　　1

　この場合，成功回数 X は上の観測値の和となります。すなわち

　　$1+0+1+1+0+1+1+1+0+1 = 7$

です。このようにして求めた和の分布 $P(X)$ が，二項分布 $B(n, p)$ であるということです。

　比率（今の場合は，合格率）を問題にするときは，合格率はこの確率分布の平均として扱うことができます。すなわち，

$$\bar{X} = \frac{1}{10}(1+0+1+1+0+1+1+1+0+1) = \frac{7}{10}$$

　このように比率を扱おうとする場合は，二項分布を 0-1 変数としてその平均値と考えた方が一般的な分布の取り扱い方法が適用でき，扱いやすいことがわかります。すなわち，

　　標本比率 P = 標本平均 $\bar{X}$

と考えるわけです。すると標本比率 P の母平均 μ, 母分散 σ^2 は第 9 章の 9-5 で与えられる式によって求めることができます。すなわち，

$$\mu = \sum X_i p(X_i) = 0 \times (1-p) + 1 \times p = p$$

$$\sigma^2 = \sum (X_i - \mu)^2 p(X_i) = (0-p)^2 \times (1-p) + (1-p)^2 p = p(1-p) = pq$$

となります。一方，和の分布としての二項分布を扱いたい場合は，章末に示した計算過程によって，n を掛ければ良く，二項分布の平均と分散は第 10 章 10-4 と同様に平均 np と分散 npq となります。このように，二項分布の平均と分散は 0-1 変数の考え方で簡単に導出できました。

14 − 6 標本比率の分布

上述のような母集団から，ある大きさ n の標本を抽出して得た比率を「標本比率」といいます。14 − 5 節では二項分布に関する記述の延長として比率に p を用いてきましたが，今後述べる「推定」や「検定」の場合には母集団と標本との区別が重要ですので，比率に関しても母集団比率を π，標本比率を P とします。すなわち，母集団では，上の式を書き直して

$$\mu = \pi , \quad \sigma^2 = \pi (1 - \pi)$$

と記します。

一方，標本比率 P の分布は標本の大きさ n が大きくなれば，中心極限定理によって正規分布 $N(\mu, \frac{\sigma^2}{n})$ に近づくわけですから，正規分布

$$N\left(\pi, \frac{\pi(1-\pi)}{n}\right)$$

に近づくことがわかります。

この正規分布に対応する標準正規分布への変換を行うときには，標準正規変数 z は，ある標本から得られた比率を P として次の式で変換されます。

$$z = \frac{P - \pi}{\sqrt{\dfrac{\pi(1-\pi)}{n}}}$$

📖 さらに勉強したい人のための参考資料

いま，母集団から無作為標本を抽出し，その標本和を考えます。

$$S = X_1 + X_2 + \cdots + X_n$$

この S の平均 $E(S)$ と分散 $V(S)$ とすると，次のように計算できます。

$$E(S) = E(X_1) + E(X_2) + \cdots + E(X_n)$$
$$V(S) = V(X_1) + V(X_2) + \cdots + V(X_n)$$

各観測値 X_i は，期待値 μ の母集団分布に従っていますので，

$$E(S) = \mu + \mu + \cdots + \mu = n\mu$$
$$V(S) = \sigma^2 + \sigma^2 + \cdots + \sigma^2 = n\sigma^2$$

となります。本文の計算から $\mu = p$，$\sigma^2 = pq$ ですので，

$$E(S) = np$$
$$V(S) = npq$$

となり，二項分布の平均と分散を得ます。

また，標本和から標本平均を導くには，次のような過程によります。

$$\bar{X} = \frac{1}{n}(X_1 + X_2 + \cdots + X_n) = \frac{1}{n}S$$

と書けますが，一般に次の関係が成立しています。

$$E(cz) = cE(z), \qquad V(cz) = c^2 V(z)$$

したがって

$$E(\bar{X}) = E\left(\frac{1}{n}S\right) = \frac{1}{n}E(S) = \frac{1}{n}np = p$$
$$V(\bar{X}) = V\left(\frac{1}{n}S\right) = \frac{1}{n^2}V(S) = \frac{1}{n^2}npq = \frac{pq}{n}$$

第14章 練習問題

【問題 14 − 1】

ある製菓会社の製造ラインで詰め込まれているお菓子のパッケージの重量は平均25g，標準偏差2gの正規分布をしている。今，品質管理部がこの製造ラインから取り出された n 個のパッケージの平均重量を測った。平均重量が24g以下の場合の確率はいくらか。ここで n は次の通りである。

(a) $n=2$　　(b) $n=4$　　(c) $n=16$　　(d) $n=64$

【問題 14 − 2】

S大学にあるエレベーターは定員10名，最大積載量が670kgである。S大学の学生の体重の分布は平均62kg，標準偏差7kgの正規分布をしていることがわかっている。無作為に乗った10人からなるグループの総体重が，このエレベーターの最大積載量をこえる確率はいくらか（10人の平均体重が67kgを超えると考えて標本分布の結果を用いる）。

【問題 14 − 3】

ある年の参議院議員選挙でA政党への投票率は $\pi = 0.56$ であった。いま，無作為に抽出した50人の投票者のうちA政党へ投票した者の割合が0.60以上となる確率はいくらか。

【問題 14 − 4】（中心極限定理のシミュレーション）

次の表の確率分布で表される母集団から，乱数を発生させて無作為に大きさ n の標本をとったとき，その標本分布を求めて中心極限定理が成り立っているかどうかシミュレーションを行いなさい。n を2，3，5，10とさまざまに取った場合の違いを検討しなさい。

x	$p(x)$
1	0.25
2	0.25
3	0.1
4	0.1
5	0.05
6	0.15
7	0.1

第 15 章
推定の方法入門

考えてみよう 15－1

　自動車専門の雑誌社がある新車の試乗をし，その車の燃費を市街地を走行して 5 回測定した。1 リットル当たりの走行距離（km）が次のように得られた。

$$15.1 \quad 12.8 \quad 9.0 \quad 10.2 \quad 14.1$$

　これまでの経験から燃費は正規分布 $N(\mu, 2.2^2)$ で分布することがわかっているとする。今後，量産販売されるこの車の平均燃費 μ を推定する場合，燃費はいくらと推定すれば良いか。

　また推定の誤差は確率 0.95 で最大どのくらいと見積もることができるか。

解答 15 − 1

ANSWER

　測定された数値の平均値を求めると $\bar{X} = 12.24$ となります。したがって大量生産されるこの車の市街地走行の平均燃費は標本平均をそのまま母集団平均として，$\mu = 12.24km/\ell$ と推定するのが１つの方法です。

　こう推定した時の誤差を ε とすると ε は標本の大きさ n が 5，母集団標準偏差 σ が 2.2 であるので（誤差の式についての説明は後述します），

$$\varepsilon = 1.96 \frac{\sigma}{\sqrt{n}} = 1.96 \times \frac{2.2}{\sqrt{5}} = 1.93$$

となり，誤差は $\pm 1.93km/\ell$ 以下であることが，確率 0.95 の確からしさでいえます。

解　　説

EXPLANATION

15 − 1　統計的推測と点推定

　図１で示すように推定とは標本で示される限られた情報から母集団のパラメータ（平均値，分散や比率）を推定する統計的推測の方法です。

　この「解答 15 − 1」のような「**推定**（estimation）」は最も初歩的な推定方法であり「**点推定**（point estimation）」といわれます。初歩的とはいえ，実社会ではこの方法が最も良く用いられている推定方法といえます。点推定とは一般的には母平均 μ を標本平均 $\bar{X}$ を用いて $\mu = \bar{X}$ とする推定方法であり，これが標本から得られる情報を使った μ の最良の単一推定です。

図1　統計的推測

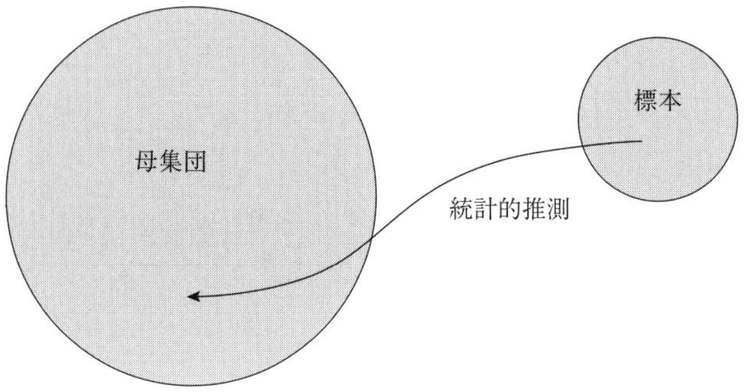

15－2　不偏推定量

　上のような点推定の場合，推定値 $\bar{X}$ が母集団の平均値 μ に一致することは
まず考えられないでしょう。どの程度真実の値（この場合は μ）を推測できてい
るのかなど，推定の際必要となる性質を知る必要がありますが，推測の基礎と
なる知識は第14章で述べた標本分布の性質です。

　標本分布では母集団の分布がどのようなものであろうと，分布の平均値（標
本平均の平均）に関しては

$$E(\bar{X}) = \mu$$

が成立していました。このように，推定量の期待値（この場合は $E(\bar{X})$）が推定
しようとしている母集団のパラメータ（この場合は μ）に一致するとき，その推
定量は「**不偏推定量**（unbiased estimator）」であるといいます。

　ちなみに，第6章で示した標本分散の導出の式で分母が n でなく $n-1$ であ
る理由は，標本分散，標本標準偏差を不偏推定量にするためです。

15－3　点推定の誤差

　点推定では母平均 μ を $\bar{X}$ と推定しています。この場合の誤差 ε は次の式で
定義されます。

$$\varepsilon = |\bar{X} - \mu|$$

ここで μ の値は誰にもわからない未知の値です。したがってこの計算はでき
ません。しかしこの誤差の程度を見積もる必要があります。そのために標本分
布の性質を利用します。

標本平均 $\bar{X}$ は正規分布 $N(\mu, \frac{\sigma^2}{n})$ に従うことがわかっていました。そうする
と無作為に抽出したある標本から得た平均値 $\bar{X}$ はこの分布のどこかにあるは
ずです。そこで確率の考え方を導入します。

図2　標本平均の標本分布 $f(\bar{x})$ における位置

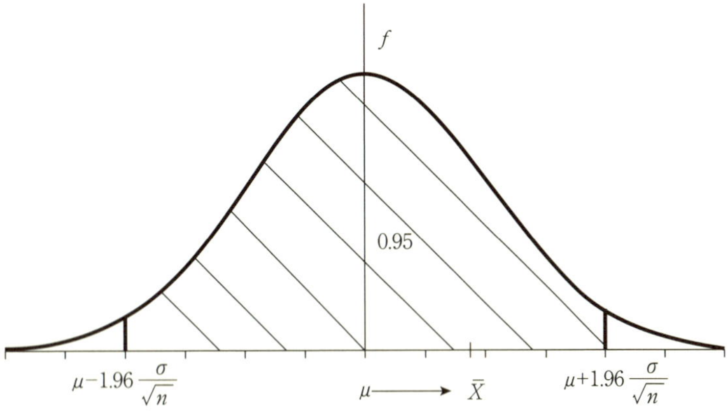

図2を使って説明します。無作為に抽出した標本の平均値 $\bar{X}$ は，確率が大
きい部分，つまり正規分布の山の部分にあるのがありふれた状態だと考えられ
るでしょう。今，$\bar{X}$ が図2のようになったとします。図の μ（未知数）と $\bar{X}$ の
距離が誤差です。しかし，上述したように距離は μ が未知数なので計算するこ
とはできません。そこで，次のような確率の考え方を導入します。

標本平均 $\bar{X}$ は，第14章で学んだように母集団の分散ほどにはばらつきの無
い値を母平均 μ の近傍にもつ性質があるので，いま無作為に抽出した標本の平
均が，特異な値（異常に大きい，または異常に小さい値）であるとはあまり考えら

第 15 章　推定の方法入門　◎── 155

れません。そこで，母平均 μ から外れているとしても図2の正規分布の本体（面積 0.95）の部分にあるであろうと決めてしまいます。すると

「推定の誤差は，これこれの値以下であるということが確率 0.95 の確からしさでいえる」
という形で精度を述べることができます。

この図にある母平均 μ の前後の確率 0.95 の範囲に標本平均が入っている条件は，標準正規分布の中央の面積 0.95 となる z の境界の値が第 13 章の 13 － 1 節 2（ウ）で求めたように $P(z<z_0)=0.975$ のところであり，付表 2 から $z_0=1.96$ です。したがって，標本分布の標準偏差が $\dfrac{\sigma}{\sqrt{n}}$ であるので，その 1.96 倍つまり次のようになります。

$$\varepsilon = \left| \bar{X} - \mu \right| \leq 1.96\, \frac{\sigma}{\sqrt{n}}$$

すなわち，「推定の誤差 ε は，$\pm 1.96\, \dfrac{\sigma}{\sqrt{n}}$ 以下であることが確率 0.95 の確からしさでいえる」とすることができます。

15 － 4　とるべき標本の大きさ

上のように推定誤差が表されるとすると，実際の調査などではこれを逆に使って，とるべき標本の大きさを求めることができます。

まず調査結果の許容できる誤差 ε をどの程度にするかを決めます。今，最大誤差を ε_0 とすると

$$1.96\, \frac{\sigma}{\sqrt{n}} \leq \varepsilon_0$$

の式を n について解いて

$$n \geq \left(1.96\, \frac{\sigma}{\varepsilon_0} \right)^2$$

となります。これが許容誤差 ε_0 が決められている時のとるべき標本の大きさの必要数を与える式となります。なお計算結果は一般に実数になりますが n

は整数ですので小数部分を切り上げる（四捨五入でなく）必要があります。

　なお係数の 1.96 は確率 0.95 の確からしさで誤差を述べる場合の係数ですので，確率が 0.90 や 0.99 となった場合には，当然この 1.96 の値も変わってきます。これについては次章に述べます。

第15章　練習問題

【問題 15 − 1】

　S 大学の学生の 1 科目の時間外学習時間の分布が正規分布 $N(\mu, 2.0^2)$ で近似されるものとする。25 人を無作為に選び，その 25 人の平均値 $\overline{X} = 4.2$ で学生全体の平均学習時間 μ を点推定する。確率 0.95 の確からしさで推定誤差はどの程度と考えればよいか。

【問題 15 − 2】

　ある工場の生産工程で製造されるビールの真の容量 μ リットルを知りたい。測定を n 回繰り返し，その平均値で μ を点推定するものとする。今までの経験からこの工程の標準偏差 σ は 0.2 リットルとわかっている。確率 0.95 の確からしさで推定の誤差を 0.1 リットル以下に抑えたい。標本の大きさは，どの程度にすべきか。また確からしさを 0.90 にした場合は，必要な標本の大きさはどう変わるか。

【問題 15 − 3】（点推定シミュレーション）

(1) 上の問題 15 − 1 について，一組の数を 25 とする乱数（これが 1 つの標本に相当する）を 500 組程度発生させて，それぞれの標本平均を求めなさい。ただし，乱数は平均 $\mu = 5$，標準偏差 $\sigma = 2.0$ の正規分布に従うものとする。
　　次に，標本平均と母集団平均 μ との差を求め，その差が理論誤差（15 − 3 節）内に収まっている割合を求め，理論誤差で仮定した確率 0.95 との関係を検討しなさい。

(2) 問題 15 − 2 について，理論で導出したとるべき標本の大きさ n の前後に n を変化させ，理論誤差内にどの程度の割合で収まるかを検討しなさい。

第 15 章　推定の方法入門　◎——157

●点推定の誤差の確からしさのシミュレーション
【問題 15 － 1】

1. 誤差の計算をする。
2. 「データ」→「データ分析」から「乱数発生」を選択。
3. 「乱数発生」ダイアログボックスで
   (1) 「変数の数」に n（数値，この問題では 25）を入力。
   (2) 「乱数の数」にある程度大きい数字を入力（例：100，500 など）。
   (3) 分布を「正規」にする。
   (4) 「平均」に母平均 μ（数値）を入力。この問題の場合は与えられていないので例えば 5 と仮定して数値を入力する。
   (5) 「標準偏差」に σ（数値）を入力。
   (6) 「ランダムシード」は空欄のままで良い。
   (7) 出力先を A2 とする。
4. 乱数を発生させる。
5. 発生した乱数の右隣の列から 1 行目に「標本平均 Ave」「ABS（Ave － μ）」「理論誤差内」とタイトルを作成。
6. その右隣に「μ とその数値」「理論誤差とその数値」の欄を作成。
7. テーブルを作成する。
   (1) 名前ボックスにテーブルとなる範囲を指定する。例えば A1：AB501 のようにする。
   (2) 「ホーム」→「スタイル」→「テーブルとして書式設定」を選ぶ。
   (3) 適当なスタイルを選ぶ。
   (4) 「テーブルとして書式設定」のダイアログボックスで「先頭行をテーブルの見出しとして使用する」にチェックを入れる。
   (5) 「OK」をクリック。
8. 第一行目の標本平均のセルをクリックし，関数「fx」から AVERAGE を選択し，平均を取る。
9. 右隣の列に母集団平均からの差の絶対値を次のように計算する。これが誤差である。

   ＝ ABS（「標本平均のセル」－ $ 「母集団平均のセル」）

   ただし，$ は絶対参照の意味。
10. 右隣の列に理論誤差の範囲内であるかどうかの判定結果を表示する。範囲内であれば 1，範囲外であれば 0 とする。判定は次の文による。

    ＝ IF（「誤差のセル」＜＝$「理論誤差のセル」，1，0）

11. 表の最終行へ移動して，判定列の合計を取る。
12. 合計から，範囲内である確率を求める。
13. 結果を検討して，検討結果を述べる。

【問題 15 − 2】

1. 必要な標本の大きさを求める。今これを n とする。

2. 問題 15 − 1 の 2 〜 4 に従って乱数を発生させる。ただし「変数の数」は n より多めにとっておく。

3. 問題 15 − 1 の 5 〜 12 までを行い，誤差範囲内である確率を求める。

4. 次に，計算で求めた標本の大きさの必要最低数まで余分な列を（マウスの右ボタンクリックで）クリアし，確率の変化を検討する。

5. さらに，必要範囲よりも少ない列の数まで余分な列の乱数をクリアし，確率の変化を検討する。

6. 以上の検討結果を文章にして述べる。

第 **16** 章

区間推定の方法

∙∙

考えてみよう 16 − 1

　15 章と同じ事例です。ある雑誌社が新車のテストを
し，その車の燃費を実際に市街地を走行して 5 回測定し
た。1 リットル当たりの走行距離（km）が次のように得
られた。

　　　　15.1　　12.8　　9.0　　10.2　　14.1

　これまでの経験から燃費は正規分布 $N(\mu, 2.2^2)$ で分
布することがわかっているとする。量産販売されるこの
車の平均燃費 μ を信頼係数 0.95 で区間推定しなさい。

解答 16 － 1

ANSWER

　測定された数値の平均値を求めると $\bar{X} = 12.24$ となります。区間推定の場合は信頼係数を 0.95 とすると，推定したい母平均 μ は次の区間の中に入っていると推定できます。

$$\bar{X} - 1.96 \, \frac{\sigma}{\sqrt{n}} < \mu < \bar{X} + 1.96 \, \frac{\sigma}{\sqrt{n}}$$

　いま，標準偏差 σ =2.2 であり，また標本の大きさ n =5 であるので，

$$1.96 \, \frac{\sigma}{\sqrt{n}} = 1.96 \times \frac{2.2}{\sqrt{5}} = 1.93$$

　したがって $\bar{X} = 12.24$ を用いて母平均 μ の推定区間は

　10.31$< \mu <$14.17

となり，大量生産された車の燃費の平均が上の区間の中にあることが信頼係数 0.95 でいえます。

解　説

EXPLANATION

16 － 1　区間推定

　母集団の平均 μ を推定する場合に 15 章で述べた点推定のように標本平均値 $\bar{X}$ で推定しても決して正確な μ に一致することは考えられないでしょう。それならば発想を転換して，誤差の項のところで用いた確率の考え方と同じようにして，

　「これこれの区間の中に μ が入っている確率がこれこれである」
と述べる方がむしろ明快です。このような推定方法を「**区間推定**（interval

第 16 章　区間推定の方法　◎── 161

図1　標本平均の標本分布 $f(\bar{x})$ における位置

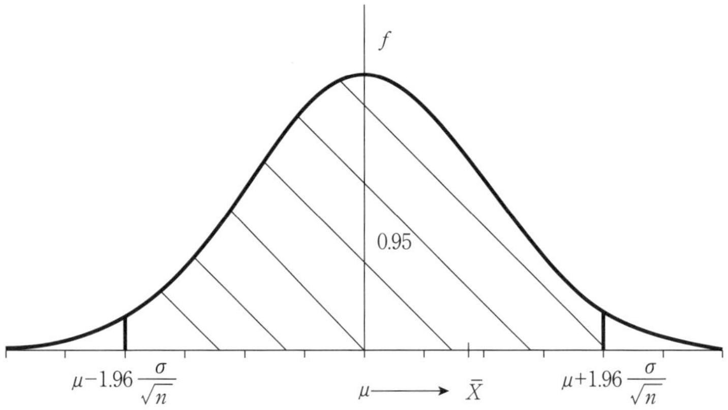

estimation)」といいます。

　図1は15章の図2とおなじものですが，ある標本の標本平均 $\bar{X}$ は確率0.95で次の範囲の中にありました。

$$\mu - 1.96\ \frac{\sigma}{\sqrt{n}} < \bar{X} < \mu + 1.96\ \frac{\sigma}{\sqrt{n}}$$

　ところで，推定の対象は μ であり，これが未知数で既知の $\bar{X}$ を用いて μ を推定しようとするのですから，上の不等式を変形して，μ について表せば，次のようになります。

$$\bar{X} - 1.96\ \frac{\sigma}{\sqrt{n}} < \mu < \bar{X} + 1.96\ \frac{\sigma}{\sqrt{n}}$$

　このように標本平均を基にした場合は，図1で表す範囲を示す μ を基にした不等式と同じようですが，意味はまったく別で，変動するのは μ ではなく不等式の上下限です。すなわち「母平均 μ は上の不等式で表される区間（**信頼区間**, confidence interval）の中に存在している」ことを「確率0.95の確からしさ」で示すことになります。したがって，これが確率0.95の場合の推定信頼区間を

示す式となります。

16 − 2　信頼係数と信頼区間，信頼限界

　信頼区間の上限，下限の値のことを「**信頼限界** (confidence limits)」といいます。また，確率 0.95 をこれまで用いていますが，この確率のことを「**信頼係数** (confidence coefficient)」といいます。なお，信頼係数のことを**信頼度，信頼水準**という場合もあります。この信頼係数は，通常は 0.95 をとりますが，0.99 や 0.90 の場合もあります。これらの数値は経験的に採用されてきた数値であり，0.95 の値自体は，何らかの理論的根拠から算出された数値というものではありません。

　一般には信頼係数を $1 - \alpha$ と表記します。このように表す理由は，後述する検定の章で使用する「有意水準 α」を用いて信頼係数を表そうとする統一した表記方法ですが，有意水準については仮説検定の章に説明を譲ります。

16 − 3　異なる信頼係数における信頼区間

　先にも述べましたが，16 − 1 節の信頼区間を表す不等式をみると感覚的に μ が変動するようですが，変動しているのは区間の方です。その信頼限界は分母に $\sqrt{n}$ がありますので，標本の大きさ n が大きくなれば区間の幅が短くなって推定の精度が上がることがわかります。

　ただし，$1/\sqrt{n}$ のグラフは n がある程度大きくなった場合にはそれほど減少しないグラフですので，むやみに n を大きくすれば良いというものでもありません。

　信頼係数が 0.95 でなく 0.99 や 0.90 をとった場合には不等式の信頼限界の係数 1.96 が変わります。そこで信頼区間を信頼係数も一般化して $1 - \alpha$ と表し，この α を用いて次のように表記します。

$$\bar{X} - z_{\alpha/2}\ \frac{\sigma}{\sqrt{n}} < \mu < \bar{X} + z_{\alpha/2}\ \frac{\sigma}{\sqrt{n}}$$

　信頼係数が 0.95 のときは $z_{\alpha/2}$ が $z_{0.025}$ であり，

第 16 章　区間推定の方法　◎── 163

$z_{0.025} = 1.96$

と表記します。標準正規変数 z の添え字の 0.025 は図 1 の上限の値（すなわち $z_{0.025}$）から $+\infty$ までの割合（確率）を意味します。他の信頼限界の係数 $z_{\alpha/2}$ の値は第 13 章の付表 2 や Excel の関数を用いて求めることができます。

●Excel による信頼限界を与える $z_{\alpha/2}$ の求め方

　信頼限界を与える $z_{\alpha/2}$ は第 13 章の解答 13 − 1 と同様の方法で関数 NORM.S.INV を用いて求めます。NORM.S.INV は $-\infty$ から z_0 までの確率を入力する必要があるので，例えば信頼係数が 0.99 であるならば NORM.S.INV (0.5+0.99/2) などとして求めることができます。このようにして求めた値 $z_{\alpha/2}$ を信頼係数ごとにまとめると次のようになります。

（1）信頼係数 0.99 の場合：$z_{0.005} = 2.576$
（2）信頼係数 0.95 の場合：$z_{0.025} = 1.96$
（3）信頼係数 0.90 の場合：$z_{0.05} = 1.645$

16 − 4　信頼区間の性質

　上記のことから，信頼係数が 0.95 から 0.99 へと上がると推定区間は標本分布の標準偏差の 1.96 倍から 2.576 倍へと伸びることがわかります。つまり，信頼度を高めて推定をしたいとすると，推定区間の幅は広がり，あいまいにならざるを得なくなるということです。極端な例を挙げると，100％確実なまったくミスのない推定区間とは，$1-\alpha = 1.0$ すなわち $\alpha = 0$ の時であり，この場合は $z_{0.0} \rightarrow +\infty$ となることから，信頼区間は $-\infty$ から $+\infty$ までの区間となるということは了解できるでしょう。

　逆に，推定区間を 1.96 倍から 1.645 倍へ短くして，区間をもっと狭く推定したいと思えば，信頼係数を 0.95 から 0.90 へ落とすことになります。

第16章 練習問題

【問題 16 − 1】

テレビの組み立て工場でのある工程の1つの作業にかかる時間を推定したい。作業員1人の所要時間は作業員によって異なり正規分布 $N(\mu, 3^2)$ に従っている（単位は分）。9人を無作為に選んで作業の所要時間を調べた結果 $\bar{X}=8.76$（分）を得た。作業員全員の平均所要時間を信頼係数95％で区間推定しなさい。信頼係数90％ではどう変わるか。

【問題 16 − 2】

あるメーカーが新しく開発した LED 電球の平均寿命を知るため，試験が行われた。同じ条件で30個の電球を使用し，寿命（単位は時間）を測定した結果，$\bar{X}=1201.6$ という値を得た。今までの経験から標準偏差 $\sigma=30.4$ であることがわかっている。この省エネタイプの電球の平均寿命の95％信頼区間を求めなさい。信頼係数99％ではどう変わるか。

【問題 16 − 3】

ある工場では自動車で使用される鋼板を製造している。その厚さの分布が正規分布 $N(\mu, 0.03^2)$ で近似されるとする（単位は mm）。無作為に選んだ10枚の平均値が 1.01mm であるとき，μ の値を信頼係数95％で区間推定しなさい。信頼係数90％ではどう変わるか。

【問題 16 − 4】

S 大学の学生の健康診断をした。体重は，標準偏差7kg の分布をしているとする。

(1) いま，64人について計測したデータの平均値 $\bar{X}$ で，学生全体という母集団の平均体重 μ を推定するとき，推定の誤差が 1.0kg 以下である確率はどれほどと考えられるか。

(2) μ の90％信頼区間の幅（平均値 $\bar{X}$ から信頼限界までの距離）を 2.0kg 以下にするには，何人以上を計測すればよいか。

第 **17** 章

t 分布による推定

∙∙

考えてみよう 17 − 1

　ある鉄道会社の発券窓口でサービス向上のために 1 人の客にかかるサービス時間を調査した。5 人についてのサービス時間について，それぞれ次のような数値（単位分）を得た。

5.1　　4.3　　6.3　　4.1　　7.0

　これは正規分布 $N(\mu, \sigma^2)$ をもつ母集団からの無作為標本であると考えられる。この場合 1 人の客に関わる平均のサービス時間 μ の 95%信頼区間を求めなさい。

解答 17 ― 1

ANSWER

　　得られた標本の平均値と標準偏差を Excel を用いて求めます。まず5つの観測値を A 列に1列に入力します。次に，Excel の分析ツールを利用します。「データ」「分析」→「データ分析」から「基本統計量」を選んで，「入力範囲」に観測値の列をマウスでドラッグして入力し，「統計情報」にチェックを入れて，出力セルを指定します。平均値 5.36，標準偏差 1.260 を得ます。

　　次に t 分布の平均を中心とした確率 0.95 を与える境界の値を付表3（p.174）または Excel の関数 T.INV を用いて求めます。「確率」には 0.975（=0.95/2+0.5）を「自由度」には4と入力します。付表3でも T.INV によっても境界の値は 2.776 と求まります。以上から次の不等式により信頼区間が計算できます。

$$5.36 - 2.776 \times \frac{1.26}{\sqrt{5}} < \mu < 5.36 + 2.776 \times \frac{1.26}{\sqrt{5}}$$

すなわち，

　　$3.80 < \mu < 6.92$

となり，平均のサービス時間 μ は，信頼係数 0.95 のもとで 3.80 分から 6.92 分の区間の中にあることがいえます。

解　　説

EXPLANATION

17 ― 1　Student の t 分布

第 16 章で述べた区間推定では信頼区間は次のように与えられていました。

$$\bar{X} - z_{\alpha/2} \frac{\sigma}{\sqrt{n}} < \mu < \bar{X} + z_{\alpha/2} \frac{\sigma}{\sqrt{n}}$$

第17章　t分布による推定　◎── 167

　この場合，信頼限界を求めるには母集団の標準偏差 σ の値が必要です。しかし現実問題では母集団の標準偏差 σ がわかっている例は稀で，わかっているのはその標本から得られる平均値や標準偏差であるほうが多いでしょう。すると母標準偏差 σ を標本標準偏差 s で代用すれば良いのではないかと考えるのが自然です。しかし，この場合，当然 s は σ と一致しているはずはなく，このように代用した場合はある程度のあいまいさが加わってくることが想像できます。

　以上のような状況を組み入れた確率分布を理論的に正確に求めたものが **Studentの t 分布**（t distribution）と呼ばれるものです。Student とはこの確率分布を求めたイギリスの研究者 W.S.Gosset 氏の論文上のペンネームですが，t 分布と称する場合には本名でなくペンネームが使われています。図1に t 分布の形を示します。なお，この場合母集団の分布は正規分布であることが仮定されています。

図1　Student の t 分布

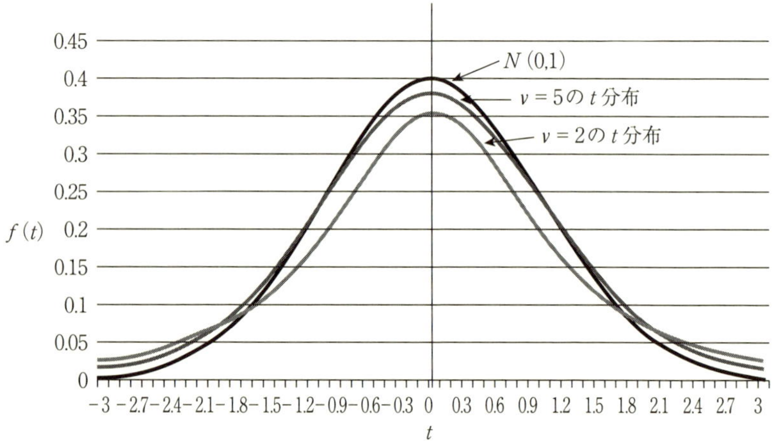

t 分布の特徴的な点は

(1) 正規分布と同様に左右対称であること。
(2) 正規分布よりもピークが低く，裾野が長いこと。
(3) 一律に形が決まらずに，自由度 ν（後述）によっていること。
(4) ν が大きくなると漸近的に標準正規分布に近づくこと

などが挙げられます。

▽変数 t の定義
　標本分布の正規分布は標準正規変数 z を次のように定義しました。第14章
14 – 4 を参照してください。

$$z = \frac{\bar{X} - \mu}{\sigma / \sqrt{n}}$$

　したがって，Student の t 変数は母集団標準偏差 σ を標本標準偏差 s に代え
て，次のように定義されます。

$$t = \frac{\bar{X} - \mu}{s / \sqrt{n}}$$

▽ t 分布の自由度
　t 分布は標本の大きさに従って形を変えます。t 分布が依存する**自由度**
（degree of freedom）は ν（ニュー）と表記され，標本の大きさ n とは次の関係に
あります。

$$\nu = n - 1$$

　ちなみに，標本分散を求める式（第6章6 – 2）の分母 $n-1$ はこの自由度で
割っていることになります。
　なぜ自由度では1を引くのかの説明としては，次のように考えるとわかりま
す。例えば今2つの観測値があると考えてください。数値軸上に2つの観測値
を置こうとしています。平均値が与えられている場合，1つの観測値は自由に

第17章 *t* 分布による推定 ◎── 169

置けますが（値が自由に取れるならと仮定して），もう1つの観測値は平均値を挟んだ1つ目の観測値と対象の位置に置く必要があります。つまりこの場合，平均値が与えられているので，観測値が2つでも，自由に置ける観測値は1つです。平均値が使用されている分，自由度が1少なくなっているといえます。

17－2　*t* 分布の確率とその確率を与える境界値の求め方

この *t* 分布に基づいて推定区間を定める場合には第16章のように信頼係数の設定とその信頼度（確率）の面積を囲む境界の値を求める必要があります。正規分布の付表2（第13章）と同様に *t* 分布の −∞ から t_α までの確率が与えられている場合の境界値は付表3で与えられます。また，Excel では *t* 分布の逆関数を用います。

●Excel での *t* 分布の境界値を求める方法

① 「関数の挿入」から「関数の分類」を「統計」とし「T.INV」を選択する。

② 「確率」には NORM.S.INV と同様に −∞ からの確率（信頼係数 0.95 ならば 0.95/2+0.5=0.975，0.99 ならば 0.99/2+0.5=0.995）を入力する。

③ 自由度を入力する。

このようにして求めた境界の値 *t* をここでは，$t_{\alpha/2}$ と表記します。標準正規変数 $z_{\alpha/2}$ と統一をとるため $t_{\alpha/2}$ とし，添え字 $\alpha/2$ は値 $t_{\alpha/2}$ から +∞ までの面積とします。

17－3　信頼区間

以上から標本標準偏差を用いた信頼区間は次のように表すことができます。

$$\bar{X} - t_{\alpha/2}\frac{s}{\sqrt{n}} < \mu < \bar{X} + t_{\alpha/2}\frac{s}{\sqrt{n}}$$

図1の *t* 分布の形から了解できますが，自由度が小さくなればなるほど正規分布から外れて裾野が広がってきます。すなわち境界の値 $t_{\alpha/2}$ が大きくなりま

す。つまり，標本の大きさが小さくなればなるほど信頼区間は長くなります。これは情報が少ない中での推定ですので，もっともなことと了解できるでしょう。

17 − 4　大標本の正規分布近似

t 分布は母集団標準偏差 σ が未知であり標本標準偏差 s を代用する場合に適応される分布であり，本来は標本の大きさには関係なく使える分布です。しかし図1でもわかるように自由度 ν が大きくなると正規分布に漸近していきます。Excel を用いて t 分布を利用している限りは何の不都合もないことですが，実際上はある程度自由度が大きい場合は自由度に左右される t 分布を使うよりも正規分布で近似した方が使い勝手も良いため正規分布を近似として用います。近似できる標本の大きさの目安は

$n \geq 30$

とされています。このように正規分布で近似できる標本を「**大標本**」といいます。これに対して t 分布を用いなければならない標本を「**小標本**」といいます。

大標本では信頼区間は，正規分布の値 $z_{\alpha/2}$ を用いて次の式で与えられます。

$$\bar{X} - z_{\alpha/2}\,\frac{s}{\sqrt{n}} < \mu < \bar{X} + z_{\alpha/2}\,\frac{s}{\sqrt{n}}$$

第16章16 − 3節の信頼区間との違いは標準偏差の部分が母標準偏差 σ でなく，標本標準偏差 s であることです。

17 − 5　比率の信頼区間

第14章の14 − 6節で述べたように標本比率の分布は標本の大きさ n が大きくなれば正規分布

$$N\left(\pi,\ \frac{\pi(1-\pi)}{n}\right)$$

第17章　t分布による推定　◎── 171

に近づきます。ここで π は母集団比率を表します。

　この事実を用いれば大標本の場合に母集団比率を区間推定することができます。いま推定したい母集団の比率を π とし，標本で得られた比率を P とすると，信頼区間は

$$P - z_{\alpha/2} \sqrt{\frac{P(1-P)}{n}} < \pi < P + z_{\alpha/2} \sqrt{\frac{P(1-P)}{n}}$$

と与えられることが了解できるでしょう。

第 17 章 練習問題

■ 大標本，小標本での区間推定

【問題 17 － 1 － 1】

ある業界の勤務年数 4 年以内の女性社員の年収を知るため，調査が行われた。無作為に 30 人について調べたところ，$\bar{X} = 220.16$（万円），$s = 6.04$（万円）という値を得た。勤務年数 4 年以内の女性社員の年収の 95％信頼区間を求めなさい。

【問題 17 － 1 － 2】

新型のエコカーの実際の市街地での平均燃費（km/ℓ）を推定するため，40 台の車を用いて実験を行った。40 台の燃費の平均が 23.72，標準偏差が 0.447 であった。平均燃費の 95％信頼区間を求めなさい。

【問題 17 － 1 － 3】

新商品デジタルオーディオプレーヤーの修理を必要とする故障が初めて起こるまでの使用時間の平均について知りたい。8 台について調査したところ平均 2,350 時間，標準偏差 120 時間であった。信頼係数 90％の信頼区間を求めなさい。

【問題 17 － 1 － 4】

ある小学校の児童 10 人が全国一斉テストの試験を受けた時，10 人の点数が 100 点満点で

$$75, 68, 83, 90, 65, 77, 62, 80, 72, 78$$

であったとする。これを正規分布 $N(\mu, \sigma^2)$ という分布をもつ母集団からの大きさ 10 の無作為標本であると考える。μ はその小学校の児童全体での平均的得点と考えることができるが，その μ の 95％信頼区間を求めなさい。

【問題 17 － 1 － 5】

S 大学の学生 12 人を無作為に選び，1 週間の読書時間について調査し，つぎのデータを得た。

$$12.3, 6.8, 5.9, 14.8, 12.0, 11.3, 14.2, 11.5, 10.5, 12.8, 7.6, 14.7$$

S 大学の学生の 1 週間の読書時間の分布が正規分布 $N(\mu, \sigma^2)$ で近似できるものとすると

第 17 章　t 分布による推定　◎── 173

き，学生全体での 1 週間の平均学習時間 μ の 95％信頼区間を次の 2 つの場合について求めなさい。
　(1) 標準偏差 σ の値が 3.0 であるとわかっている場合。
　(2) 標準偏差 σ の値が未知である場合。

【問題 17 − 1 − 6】

　S 大学では英語の教育に力を入れている。いま初年次 1 年間の TOEIC テストの成績向上を調査した。無作為に 10 人の学生を選び TOEIC の点の増加幅を調べた結果，1 年間で次に示すような向上のデータが得られた。

　　　　　　30, 22, 32, 26, 24, 40, 34, 36, 32, 33

　このデータから，1 年生全体の TOEIC の点の増加幅（母集団平均値）μ に対する 90％信頼区間を求めなさい。

■ 比率の区間推定

【問題 17 − 2 − 1】

　新しく自宅を建てようと考えている 2,500 世帯の無作為標本のうち，498 世帯が太陽電池パネル設置などのエコ住宅を建てようと思っていると答えた。エコ住宅を考えている全国全世帯の比率 π を 95％の信頼係数で区間推定しなさい。

【問題 17 − 2 − 2】

　野生動物の頭数を推定する方法として「捕獲・再捕獲法」がある。いま，ある高山にすむ鹿の頭数 N を推定する。まず，600 頭を捕獲し，目印をつけてから山に戻した。その後充分時間が経ってから再び 500 頭を捕獲して調べたところ，目印のついている鹿が 24 頭再捕獲された。
　(1) 目印のついている鹿の比率 π の 95％信頼区間を求めなさい。
　(2) これを元にしてその山に住む鹿の総数 N についての 95％信頼区間を求めなさい。

付表 3 　 t 分布の $-\infty$ から t_α までの確率 P を与える境界の値 t_α

$\nu \setminus P$	0.90	0.95	0.975	0.99	0.995	0.9995
1	3.078	6.314	12.706	31.821	63.657	636.619
2	1.886	2.920	4.303	6.965	9.925	31.599
3	1.638	2.353	3.182	4.541	5.841	12.924
4	1.533	2.132	2.776	3.747	4.604	8.610
5	1.476	2.015	2.571	3.365	4.032	6.869
6	1.440	1.943	2.447	3.143	3.707	5.959
7	1.415	1.895	2.365	2.998	3.499	5.408
8	1.397	1.860	2.306	2.896	3.355	5.041
9	1.383	1.833	2.262	2.821	3.250	4.781
10	1.372	1.812	2.228	2.764	3.169	4.587
11	1.363	1.796	2.201	2.718	3.106	4.437
12	1.356	1.782	2.179	2.681	3.055	4.318
13	1.350	1.771	2.160	2.650	3.012	4.221
14	1.345	1.761	2.145	2.624	2.977	4.140
15	1.341	1.753	2.131	2.602	2.947	4.073
16	1.337	1.746	2.120	2.583	2.921	4.015
17	1.333	1.740	2.110	2.567	2.898	3.965
18	1.330	1.734	2.101	2.552	2.878	3.922
19	1.328	1.729	2.093	2.539	2.861	3.883
20	1.325	1.725	2.086	2.528	2.845	3.850
21	1.323	1.721	2.080	2.518	2.831	3.819
22	1.321	1.717	2.074	2.508	2.819	3.792
23	1.319	1.714	2.069	2.500	2.807	3.768
24	1.318	1.711	2.064	2.492	2.797	3.745
25	1.316	1.708	2.060	2.485	2.787	3.725
26	1.315	1.706	2.056	2.479	2.779	3.707
27	1.314	1.703	2.052	2.473	2.771	3.690
28	1.313	1.701	2.048	2.467	2.763	3.674
29	1.311	1.699	2.045	2.462	2.756	3.659
30	1.310	1.697	2.042	2.457	2.750	3.646
40	1.303	1.684	2.021	2.423	2.704	3.551
60	1.296	1.671	2.000	2.390	2.660	3.460
120	1.289	1.658	1.980	2.358	2.617	3.373
∞	1.282	1.645	1.960	2.327	2.576	3.291

第 **18** 章

差の推定

考えてみよう 18－1

　2つの大学で同じ統計学のテストを行い，2つの大学から，それぞれ60人の無作為標本がとられた。最初の大学の標本では，平均点が77点，標準偏差が6点であった。2番目の大学からの標本では平均点68点，標準偏差10点であった。2つの大学の母集団平均の差$\mu_1 - \mu_2$に対して，95%信頼区間を求めよ。

解答 18 − 1

ANSWER

　題意から最初の大学からの標本の大きさ，標本平均，標本標準偏差をそれぞれ $n_1=60$，$\bar{X}_1=77$，$s_1=6$ と置きます。二番目の大学からの標本の大きさ，標本平均，標本標準偏差をそれぞれ $n_2=60$，$\bar{X}_2=68$，$s_2=10$ と置きます。信頼係数 0.95 の場合の信頼区間は次の式で与えられます。

$$\left(\bar{X}_1 - \bar{X}_2\right) - 1.96\sqrt{\frac{s_1^2}{n_1} + \frac{s_2^2}{n_2}} < \mu_1 - \mu_2 < \left(\bar{X}_1 - \bar{X}_2\right) + 1.96\sqrt{\frac{s_1^2}{n_1} + \frac{s_2^2}{n_2}}$$

したがって，

$$9 - 1.96\sqrt{\frac{6^2}{60} + \frac{10^2}{60}} < \mu_1 - \mu_2 < 9 + 1.96\sqrt{\frac{6^2}{60} + \frac{10^2}{60}}$$

となり，結局

$$6.05 < \mu_1 - \mu_2 < 11.95$$

となります。すなわち最初の大学の方が少なくとも 6.05 点，最大 11.95 点の差で優秀であると確率 0.95 の確からしさでいうことができます。

解　　説

EXPLANATION

18 − 1 　大標本の差の標本分布

　「考えてみよう 18 − 1」の場合は 2 つの標本は大標本です。すなわち標本平均値 $\bar{X}_1$，$\bar{X}_2$ とも独立で近似的に正規分布に従っています。つまり

$$\bar{X}_1 : N\left(\mu_1, \frac{s_1^2}{n_1}\right), \quad \bar{X}_2 : N\left(\mu_2, \frac{s_2^2}{n_2}\right)$$

第 18 章　差の推定　◎── 177

です。この 2 つの標本平均の差の分布も当然のことながら近似的に正規分布に
従うことになります。すると平均値は差 $\mu_1 - \mu_2$ になりますが，注意すべきは
分散です。2 つの分布の違いを表す分布ですから分散は，単独の標本分散より
当然広がってきます。2 つの標本の差を平方して求めると，その分散は差では
なく和になります。結局 $\bar{X}_1 - \bar{X}_2$ の標本分布は次のような正規分布になりま
す。導出過程については章末に記述していますので参考にしてください。

$$
N\left(\mu_1 - \mu_2, \ \frac{s_1^2}{n_1} + \frac{s_2^2}{n_2} \right)
$$

▽大標本での平均の差の信頼区間

　平均値の差の標本分布が上で示した正規分布に従うことがわかれば，信頼係
数 $1 - \alpha$ のもとで信頼区間は次のように与えられることは，17 章の大標本の信
頼区間から了解できるでしょう。

$$
\left(\bar{X}_1 - \bar{X}_2 \right) - z_{\alpha/2} \sqrt{\frac{s_1^2}{n_1} + \frac{s_2^2}{n_2}} < \mu_1 - \mu_2 < \left(\bar{X}_1 - \bar{X}_2 \right) + z_{\alpha/2} \sqrt{\frac{s_1^2}{n_1} + \frac{s_2^2}{n_2}}
$$

18 - 2 　小標本の差の標本分布

　標本の大きさが小さい場合は，母集団標準偏差 σ を標本標準偏差 s で代替し
た場合に t 分布に従うことがわかっています。したがって 2 つの小標本の平均
値の差 $\bar{X}_1 - \bar{X}_2$ も t 分布に従います。しかし，小標本の場合は 1 つ工夫する点
があります。それは，2 つの母集団分散 σ_1^2 と σ_2^2 が未知ではあるが等しいと
考えられるケースでは，母集団分散が共通であるので，標本分散も 2 つの標本
から合わせて算出します。

　第 1 番目の標本の大きさを n_1，観測値を X_{1i}，標本平均値 $\bar{X}_1$ とし，第 2 番
目の標本の大きさを n_2，観測値を X_{2i}，標本平均値 $\bar{X}_2$ とします。2 つの標本
から標本分布を求める式は次のようになります。

$$s_p^2 = \frac{1}{n_1 + n_2 - 2} \left\{ \sum (X_{1_i} - \bar{X}_1)^2 + \sum (X_{2_i} - \bar{X}_2)^2 \right\}$$

$$= \frac{1}{n_1 + n_2 - 2} \left\{ (n_1 - 1) s_1^2 + (n_2 - 1) s_2^2 \right\}$$

ここで，分母の自由度 ν は $(n_1 - 1) + (n_2 - 1) = n_1 + n_2 - 2$ となっています。また，それぞれの標本の分散を s_1^2, s_2^2 としています。このような標本分散を2つの標本を一緒にして求めているので「**込みにした分散** (pooled sample variance)」といいます。

▽小標本での平均の差の信頼区間

込みにした分散と標準偏差を使用すれば小標本の場合の母平均の差に対する信頼区間は，上の項目 18 − 1 の正規分布を t 分布に置き換えることによって，次のようにして求めることができます。

$$\left(\bar{X}_1 - \bar{X}_2 \right) - t_{\alpha/2} s_p \sqrt{\frac{1}{n_1} + \frac{1}{n_2}} < \mu_1 - \mu_2 < \left(\bar{X}_1 - \bar{X}_2 \right) + t_{\alpha/2} s_p \sqrt{\frac{1}{n_1} + \frac{1}{n_2}}$$

ここでは込みにした分散 s_p^2 は共通ですので平方根の外に出して標準偏差としています。係数の $t_{\alpha/2}$ は自由度を $\nu = n_1 + n_2 - 2$ として求めたものです。

なお，母集団の分散 σ_1^2 と σ_2^2 が未知ではあるが異なると考えられるケースでは，異なる分散をもつ2つの母集団から得られた2つの標本平均を結合しているので，正確な t 分布になるわけではありませんが，近似的に次のような区間推定の式を用います。

$$\left(\bar{X}_1 - \bar{X}_2 \right) - t_{\alpha/2} \sqrt{\frac{s_1^2}{n_1} + \frac{s_2^2}{n_2}} < \mu_1 - \mu_2 < \left(\bar{X}_1 - \bar{X}_2 \right) + t_{\alpha/2} \sqrt{\frac{s_1^2}{n_1} + \frac{s_2^2}{n_2}}$$

ただし，この場合 t 分布の自由度は次で与えられます。記号 [ ] は小数点以下切り捨てて最も近い整数にすることを意味します。

第 18 章　差の推定　◎── 179

$$v = \left\lfloor \frac{(s_1^2/n_1 + s_2^2/n_2)^2}{(s_1^2/n_1)^2/(n_1-1) + (s_2^2/n_2)^2/(n_2-1)} \right\rfloor$$

18−3　比率の差の区間推定

第 13 章で述べたように標本比率の分布は大標本の場合正規分布

$$N\left(\pi, \frac{\pi(1-\pi)}{n}\right)$$

で近似できます。したがって 2 つの母集団の比率の差 $\pi_1 - \pi_2$ は次のように表されます。ここでも添え字 1，2 はそれぞれの標本を表しています。

$$(P_1 - P_2) - z_{\alpha/2}\sqrt{\frac{P_1(1-P_1)}{n_1} + \frac{P_2(1-P_2)}{n_2}} < \pi_1 - \pi_2 <$$

$$(P_1 - P_2) + z_{\alpha/2}\sqrt{\frac{P_1(1-P_1)}{n_1} + \frac{P_2(1-P_2)}{n_2}}$$

さらに勉強したい人のための参考資料

●差の変数 x_1-x_2 が次の正規分布に従うことの導出について

$$N\left(\mu_1 - \mu_2,\ \frac{s_1^2}{n_1} + \frac{s_2^2}{n_2}\right)$$

1. 平均値について

   第9章で述べた，母集団の平均値の求め方より，

$$E\left(x_1 - x_2\right) = \sum_{i=1}^{l}\sum_{j=1}^{m}\left(x_{1i} - x_{2j}\right)p\left(x_{1i},\ x_{2j}\right)$$

$$= \sum_{i=1}^{l} x_{1i} \sum_{j=1}^{m} p\left(x_{1i}, x_{2j}\right) - \sum_{j=1}^{m} x_{2j} \sum_{i=1}^{l} p\left(x_{1i}, x_{2j}\right)$$

$$= \sum_{i=1}^{l} x_{1i}\, p\left(x_{1i}\right) - \sum_{j=1}^{m} x_{2j}\, p\left(x_{2j}\right) = \mu_1 - \mu_2$$

となる。ただし，$p(x_{1i}, x_{2j})$ は2変数の同時確率である。

2. 分散について

   今，分散を略記して次のように表記する。

$$V(x) = E\left[(x - \mu)^2\right] = \sum (x - \mu)^2\, p(x)$$

すると，

$$V(x_1 - x_2) = E\left[\left\{(x_1 - x_2) - (\mu_1 - \mu_2)\right\}^2\right] = E\left[\left\{(x_1 - \mu_1) - (x_2 - \mu_2)\right\}^2\right]$$

$$= E\left[(x_1 - \mu_1)^2 + (x_2 - \mu_2)^2 - 2\,(x_1 - \mu_1)\,(x_2 - \mu_2)\right]$$

$$= E\left[(x_1 - \mu_1)^2\right] + E\left[(x_2 - \mu_2)^2\right] - 2E\left[(x_1 - \mu_1)\,(x_2 - \mu_2)\right]$$

となる。右辺第1，2項はそれぞれの分散である。第3項は，

$$E\left[(x_1 - \mu_1)(x_2 - \mu_2)\right] = E(x_1 x_2) - \mu_1 E(x_2) - \mu_2 E(x_1) + \mu_1 \mu_2$$
$$= E(x_1 x_2) - \mu_1 \mu_2$$

であるが，変数 x_1, x_2 が独立の場合は，

$$p\left(x_{1i}, x_{2j}\right) = p\left(x_{1i}\right) p\left(x_{2j}\right)$$

が成立するので，右辺第1項は

$$E(x_1 x_2) = \sum_{i=1}^{l} \sum_{j=1}^{m} x_{1i} x_{2j} p\left(x_{1i}, x_{2j}\right) = \sum_{i=1}^{l} x_{1i} p\left(x_{1i}\right) \sum_{j=1}^{m} x_{2j} p\left(x_{2j}\right)$$
$$= E(x_1) E(x_2) = \mu_1 \mu_2$$

となる。したがって

$$E\left[(x_1 - \mu_1)(x_2 - \mu_2)\right] = 0$$

である。よって，

$$V(x_1 - x_2) = V(x_1) + V(x_2)$$

を得る。

母数の推定のまとめ

A. 母平均 μ の推定

（ア）母標準偏差 σ が既知の場合

$$\bar{X} - z_{\alpha/2}\frac{\sigma}{\sqrt{n}} \leq \mu \leq \bar{X} + z_{\alpha/2}\frac{\sigma}{\sqrt{n}}$$

ただし $z_{0.025} = 1.96$, $z_{0.05} = 1.645$, $z_{0.005} = 2.576$

（イ）母標準偏差 σ が未知の場合

① 小標本の場合（n<30）

自由度 $\nu = n - 1$

$$\bar{X} - t_{\alpha/2} \frac{s}{\sqrt{n}} \leq \mu \leq \bar{X} + t_{\alpha/2} \frac{s}{\sqrt{n}}$$

② 大標本の場合（n≧30）

$$\bar{X} - z_{\alpha/2} \frac{s}{\sqrt{n}} \leq \mu \leq \bar{X} + z_{\alpha/2} \frac{s}{\sqrt{n}}$$

B. 母集団比率 π の推定 （大標本の場合）

P：標本比率

$$P - z_{\alpha/2} \sqrt{\frac{P(1-P)}{n}} \leq \pi \leq P + z_{\alpha/2} \sqrt{\frac{P(1-P)}{n}}$$

C. 母平均の差 $\mu_1 - \mu_2$ の推定

（ア）小標本の場合

$\bar{X}_1$：母集団1からの標本平均， $\bar{X}_2$：母集団2からの標本平均

n_1：母集団1からの標本の大きさ， n_2：母集団2からの標本の大きさ

ⅰ．母集団分散が未知であるが等しいと考えられる場合

込みにした分散

$$s_p^2 = \frac{1}{n_1 + n_2 - 2} \left\{ \sum (X_{1i} - \bar{X}_1)^2 + \sum (X_{2i} - \bar{X}_2)^2 \right\}$$

$$= \frac{1}{n_1 + n_2 - 2} \left\{ (n_1 - 1)s_1^2 + (n_2 - 1)s_2^2 \right\}$$

第18章　差の推定　◎── 183

とした時（ただし s_1^2 と s_2^2 はそれぞれの標本の標本分散とする）

$$(\bar{X}_1 - \bar{X}_2) - t_{\alpha/2} s_p \sqrt{\frac{1}{n_1} + \frac{1}{n_2}} \le \mu_1 - \mu_2 \le (\bar{X}_1 - \bar{X}_2) + t_{\alpha/2} s_p \sqrt{\frac{1}{n_1} + \frac{1}{n_2}}$$

ただし，自由度 $\nu = n_1 + n_2 - 2$

ⅱ．母集団分散が未知であるが等しくないと考えられる場合

$$(\bar{X}_1 - \bar{X}_2) - t_{\alpha/2} \sqrt{\frac{s_1^2}{n_1} + \frac{s_2^2}{n_2}} < \mu_1 - \mu_2 < (\bar{X}_1 - \bar{X}_2) + t_{\alpha/2} \sqrt{\frac{s_1^2}{n_1} + \frac{s_2^2}{n_2}}$$

（イ）大標本の場合

s_1^2：母集団1からの標本分散，s_2^2：母集団2からの標本分散

$$s_1^2 = \frac{1}{n_1 - 1} \sum (X_{1i} - \bar{X}_1)^2, \quad s_2^2 = \frac{1}{n_2 - 1} \sum (X_{2i} - \bar{X}_2)^2$$

とした時

$$(\bar{X}_1 - \bar{X}_2) - z_{\alpha/2} \sqrt{\frac{s_1^2}{n_1} + \frac{s_2^2}{n_2}} < \mu_1 - \mu_2 < (\bar{X}_1 - \bar{X}_2) + z_{\alpha/2} \sqrt{\frac{s_1^2}{n_1} + \frac{s_2^2}{n_2}}$$

（ウ）比率の差の推定（大標本の場合）

P_1：母集団1からの標本比率，P_2：母集団2からの標本比率
とした時

$$(P_1 - P_2) - z_{\alpha/2} \sqrt{\frac{P_1(1 - P_1)}{n_1} + \frac{P_2(1 - P_2)}{n_2}} < \pi_1 - \pi_2 <$$

$$(P_1 - P_2) + z_{\alpha/2} \sqrt{\frac{P_1(1 - P_1)}{n_1} + \frac{P_2(1 - P_2)}{n_2}}$$

第18章 練習問題

【問題 18 − 1】

50 人の女子学生と 50 人の男子学生とについて，基礎統計学の成績を調べた。女子学生の平均 $\bar{X}_1 = 56.0$，標準偏差 $s_1 = 5.5$ であり，男子学生については平均 $\bar{X}_2 = 52.5$，標準偏差 $s_2 = 6.2$ であった。女子学生と男子学生の母平均の差 $\mu_1 - \mu_2$ の 95％信頼区間を求めなさい。

【問題 18 − 2】

2 つの桑畑にはそれぞれ 100 本の苗木が植えられた。それぞれの畑は異なる肥料によって桑を育てた。1 つの畑では平均の高さが 100cm，標準偏差は 10cm で，もう 1 つの標本では平均 105cm，標準偏差が 30cm であった。2 つの母集団における平均の高さの差 $\mu_1 - \mu_2$ に対して信頼区間を作成しなさい。
  (a) 95％信頼係数の場合
  (b) 90％信頼係数の場合

【問題 18 − 3】

S 大学ではある資格試験の合格率が年度によってどの程度の違いがあるかを調べるため，2 年間にわたりそれぞれ 30 人ずつの受験生が無作為抽出され同じ受験講座を経て，資格試験を受けた。その結果，今年は 17 人が合格し，昨年は 14 人が合格していた。
  この 2 年間での年度間の合格率の差 $\pi_1 - \pi_2$ の 95％信頼区間を求めなさい。

【問題 18 − 4】

英語 TOEIC の対策を行う教育方法に 2 つの異なる方式がある。いま受験生 20 人を無作為に 10 人ずつの組に分け，A 方式と B 方式で教育を行い，TOEIC 試験で次のような成績を得た。

  A方式：492 421 466 453 521 479 580 535 452 528
  B方式：489 588 609 554 528 473 589 512 575 538

  母集団分散は未知ではあるが等しいと考えられるとして，A 方式と B 方式の母集団の成績の差 $\mu_1 - \mu_2$ の 95％信頼区間を求めなさい。

【問題 18 − 5】

体重の減量に効果があるという薬の効果を知るために，その薬の使用前後の試験者の体重

第 18 章　差の推定　◎—— 185

を測定し次のような減量データを得た（単位 kg）。対照群とは偽薬（プラシーボ，薬効の無いもの）を投与した群であり，処理群とは本当の薬を投与した群である。それぞれの群の減量の母平均の差 $\mu_1 - \mu_2$ が薬による減量効果である。減量効果の 95％信頼区間を求めなさい。なお σ_1 と σ_2 は等しいと仮定し，込みにした分散を用いること。

対照群	処理群
1.2	1.8
1.9	1.6
1.4	2.3
	2.0
	2.3

【問題 18 － 6】

　ある化粧品の満足度調査が行われ，2 種類の商品について消費者を独立に標本抽出し調査したところ，100 点満点としたときの満足度が以下のようになった。商品 A と商品 B の満足度の母平均の差 $\mu_1 - \mu_2$ を 95％の信頼度で区間推定しなさい。σ_1 と σ_2 は等しいと仮定し，込みにした分散を用いること。

商品 A	商品 B
75	52
70	60
60	42
75	58

第 **19** 章
仮説検定（その 1）

考えてみよう 19 － 1

　ある会社のサプリメントにはビタミン E の含有量が
300mg と表示されている。いま，消費生活センターが
このサプリメントから無作為に 20 粒を選んで含有量を
調べたところ，平均が 295.8mg であった。今までの経
験からこのような製品の母集団標準偏差 σ は 10mg であ
ることがわかっている。検査結果の 295.8mg は，たま
たま抽出したものが少ない値であったのか，または製品
の表示 300mg が偽りであるのかを有意水準 0.05 で検
定しなさい。

解答 19－1

ANSWER

　帰無仮説を H_0 とし H_0：$\mu = 300$ と置きます。また，対立仮説を H_1 とし H_1：$\mu < 300$ と置きます。この「考えてみよう 19 － 1」の場合は母集団の標準偏差が $\sigma = 10$ とわかっているので，標本の大きさにかかわらず正規分布を用いることができます。有意水準は 0.05 ですので，$z_{0.05} = 1.645$ です。標本の大きさは $n = 20$ です。これは左片側検定ですので棄却域の境界を $C_{\bar{X}}$ とすると

$$C_{\bar{X}} = \mu - z_{0.05}\,\frac{\sigma}{\sqrt{n}} = 300 - 1.645 \times \frac{10}{\sqrt{20}} = 296.4$$

となります。消費生活センターの検査結果は 295.8mg でした。これは棄却域に入っています。したがって，帰無仮説 H_0 を棄却して，対立仮説 H_1 を採択します。すなわち，この製品は表示が偽りであると有意水準 0.05 で主張することができます。

解　　説

EXPLANATION

19 － 1　仮説検定の意味

　「考えてみよう 19 － 1」にあるように「**仮説検定**（hypothesis test）」とは手元のデータ（すなわち標本）をもとにして，ある主張をしようとする統計的手段です。これは，自分の主張が科学的に正しいことを証明する統計的な手段と言い換えられます。上の例では販売されているビタミン剤の表示が不当であると主張する根拠を得たことになります。

　この検定の方法は推定と同様に中心極限定理を基礎としています。したがって自分の主張がどの程度確かであるのかに確率の考え方を用いています。「考えてみよう 19 － 1」にある「**有意水準**」（α で表示，significance level）とは主張の誤りの確率です。通常は 0.05 を用います。

第 19 章　仮説検定（その 1）　◎── 189

19−2　帰無仮説と対立仮説

　仮説検定では「解答 19 − 1」にあるように仮説（hypothesis）を立て，その真偽を証明することになります。1 つは「**帰無仮説**（null hypothesis）」と呼ばれるもので「解答 19 − 1」にあるように，それが正しいと思われている事実であり，かつ具体的な数値を用いて表される仮説です。H_0 と表記します。実際の検定では，疑わしく否定したい対象を帰無仮説として設定します。

　もう 1 つは「**対立仮説**（alternative hypothesis）」と呼ばれるもので，帰無仮説に対してこちらの方が正しいのではないかと対立して立てる仮説です。H_1 と表記します。通常は，こちらの方が正しいと結論したいものを対立仮説とします。対立仮説は帰無仮説で仮定した数値より「大きい」，「小さい」，または「異なる」ことを証明の目的としますので不等式で表します。

　つまり，仮説検定とは対立仮説を正しいと証明しようとする統計的手法です。

19−3　仮説検定の考え方

　「解答 19 − 1」のように帰無仮説を H_0：$\mu = 300$ とし，これに対して標本平均が $\bar{X} = 295.8$ でした。この帰無仮説を否定して，対立仮説 H_1：$\mu < 300$ を証明するためには，この 295.8 という数値が，たまたまの抽出によって偶然小さい標本平均を得たのではなく，本来「母平均 $\mu = 300$ が正しい」と仮定したことに誤りがあるのだと示すことができれば良いわけです。それには標本平均 295.8 が $\mu = 300$ の仮定の下では異常に小さな値であって，標本平均として得る可能性がほとんど考えられないほど確率的に稀な値であると示すことができれば良いことになります。とすると $\mu = 300$ からどの程度離れたら確率的に稀な値と認定するかを決めなければなりません。本質的には同じことですが，手法としては以下のような 2 種類の方法があります。

▽棄却域を設定する判定方法

　仮説検定では上述の確率的に稀であると認定してよい領域を「**棄却域**（critical region）」といいます。これはその領域に入る確率が 0.05 という，低い

190 ──◎

可能性しかない領域として定義します。これが有意水準 α の意味するところです。したがって，標本平均が棄却域に入れば帰無仮説を棄却し，入らない場合は「採択」します。

▽誤りの確率を求める P- 値による判定方法

　2つ目の方法は，帰無仮説が正しいとした場合に，標本平均値以下となる確率を求めて有意水準 0.05 と比較する方法です。

　例えば「考えてみよう 19 − 1」の場合には，帰無仮説 H_0：μ =300 の下で標本分布は，$N(300, 10^2/20)$ の正規分布に従っていますので，標本平均 295.8 以下となる確率を求めることができ $P(\bar{X} \leq 295.8)$ =0.030 となります。この値を「**P- 値** (p-value)」と呼びます。この「P- 値」は帰無仮説が正しいと仮定した場合に標本平均値以下を得る確率が 0.030 しかないことを示しています。有意水準 0.05 よりもさらに低いこのような確率では帰無仮説を正しいと主張できないと判断するわけです。すなわち P- 値が有意水準 α より小さい場合は，帰無仮説を棄却し，大きい場合は「採択」します。

　以後では，棄却域を設定して検定する方法について述べます。

▽採択域に入った場合の考え方

　帰無仮説を棄却しない場合を「採択する」と述べましたが，より厳密にいえば「採択する」と表現するのは正しくありません。なぜならばこの場合，積極的に帰無仮説（この例題の場合は μ =300）を証明しているわけではないからです。したがって「帰無仮説を棄却できない」という表現で結論にする方が理に適っていますのでこちらの結論を用いるほうが良いでしょう。

19 − 4　2種類の誤り

　有意水準 α の示すところは，可能性の低い確率を定義すると同時に，反面 μ =300 の仮定の下に 0.05 という非常に稀ではあっても，起こり得る可能性も示しています。これは，標本平均が棄却域に入って μ =300 を棄却した場合には，確率 0.05 で誤りを犯す可能性があることを意味しています。

第 19 章　仮説検定（その 1）　◎── 191

　一般的に仮説検定では検定の判断に対して表 1 に示すように 2 種類の誤りの可能性があります。上で述べた μ =300 が正しいのに，棄却域に入って稀な値であるとして帰無仮説を棄却する場合は表の「**第 1 種の誤り** (error of 1st type)」に相当します。逆に μ =300 が不当表示であるのに棄却域に入らずに μ =300 を採択してしまった場合の誤りを「**第 2 種の誤り** (error of 2nd type)」といいます。

表 1　仮説検定における 2 種類の誤り

	H_0 が真	H_0 が偽
H_0 を採択	正しい判断 確率 $1-\alpha$ ：信頼係数	第 2 種の誤り 確率 β
H_0 を棄却	第 1 種の誤り 確率 α ：有意水準	正しい判断 確率 $1-\beta$ ：検定力

　この第 1 種と第 2 種の誤りの違いは，次のような例を引くとわかりやすいでしょう。いまある殺人事件の裁判が結審しました。容疑者は「私は犯人ではない」と主張していました。そこで帰無仮説 H_0 として「本当は犯人でない」とします。
　その裁判の判決の犯す誤りは表 1 に倣って表 2 のように分類できます。この裁判の第 1 種の誤りは，「本当は犯人でない」容疑者を，訴えを「棄却」して，有罪と判断してしまう誤りであり，いわゆる冤罪となります。この誤りは，絶対避けねばならない重大な誤りです。

表 2　殺人事件の裁判が犯す誤り

	本当は犯人ではない	本当は犯人である
無　罪	正しい判断	第 2 種の誤り，確率 β
有　罪	第 1 種の誤り，確率 α	正しい判断

一方第2種の誤りは，本当は犯人であるけれども，訴えを「採択」して，無罪にする場合です。これは「疑わしきは罰せず」の原則で犯行が証明できなければ有罪に至らないケースです。誤りではあるけれども犯人であると証明できなかった場合です。

これで第1種と第2種の誤りの性格の違いがわかるでしょう。これは単なるたとえ話ですが，仮説検定でもこのたとえ話と同様に，第1種の誤りの方が重要ですので誤りの確率，すなわち有意水準 α が明示されます。

ちなみに第2種の誤りを回避する方法はあります。上のたとえでは，「犯人ではない」と結論するのでなく，「犯人であるという証拠は得られなかった」と結論し，その後新たに証拠集めを開始する場合もあるでしょう。一般的に表1の場合では，標本平均が採択域に入ったとしても，項目19-3で述べたように積極的に帰無仮説を採択しないで，「棄却する根拠は得られなかった」として帰無仮説を採択せずに判断を保留するのが1つの手段です。この後，新たにもっと大きい標本をとり仮説検定をやり直すなどの方法があります。

19-5 仮説検定のステップ

棄却域の設定には種々のケースがあり後述しますが，まず仮説検定の手順を以下に述べます。

① 帰無仮説を立てる。

$$H_0: \mu = \mu_0$$

② 検定の目的となる証明したい対立仮説を立てる。

$$H_1: \mu < \mu_0$$

対立仮説には，証明したい目的によって他に2種類のものがあります。これについては後述します。

③ 有意水準を設定する。

通常は $\alpha = 0.05$ をとりますが $\alpha = 0.01$ と低く抑える場合もあります。

④ 棄却域の境界の値（標本平均の場合は $C_{\bar{x}}$）を計算し棄却域を求める。

第 19 章　仮説検定（その 1）　◎── 193

⑤　標本平均（他のパラメータの場合もある）が棄却域に入っているか棄却域の
　　値 $C_{\bar{X}}$ と比較する。
⑥　帰無仮説を棄却するか，採択（すなわち判断を保留）するかを決める。

19 − 6　**棄却域の求め方**（左片側検定）

「考えてみよう 19 − 1」では対立仮説 H_1：$\mu < 300$ であり帰無仮説で仮定し
た値よりも小さいことを証明することに関心がありました。この場合有意水準
0.05 とは標本分布 $N(\mu, \frac{\sigma}{\sqrt{n}})$ の左側の $-\infty$ から境界の値 $C_{\bar{X}}$ までの面積 0.05 の
部分が棄却域になります。すなわち，

$$C_{\bar{X}} = \mu - z_\alpha \frac{\sigma}{\sqrt{n}}$$

で棄却域が与えられます。ここで，σ は母集団標準偏差であり，既知と仮定し
ています。また n は標本の大きさです。有意水準として 0.05 をとるならば，
$z_\alpha = z_{0.05} = 1.645$ であり，推定（第 18 章「母数の推定のまとめ」参照）のところで使用
した値と同一です。なお，本来左側の面積 0.05 の場合は $z_\alpha = -1.645$ ですが，
ここでは左，右を明示するために符号を外に出しています。このように標本分
布の左の部分に関心を寄せて検定する場合を「**左片側検定**（left-tailed test）」と
いいます。図 1 は，左片側検定の棄却域の境界 C の配置を示しています。

図 1　左片側検定の棄却域と境界 C

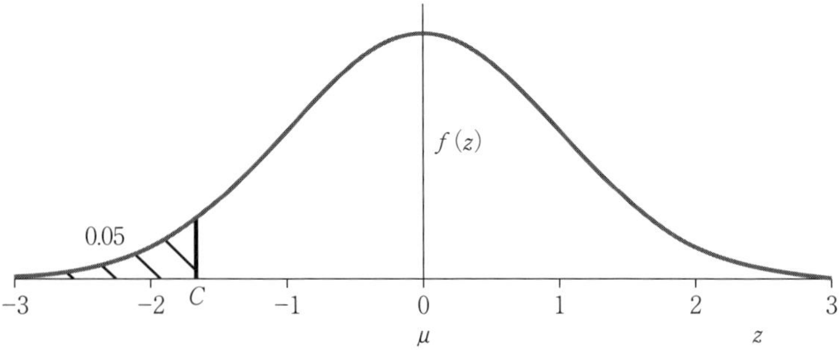

なお，扱う分布が標本分布ですので推定の式と非常によく似ていますが，注意すべきは右辺の第一項は，$\bar{X}$ ではなく μ である点です。平均 μ が帰無仮説から仮定されている標本分布を用いているので，この式になることが了解できると思います。推定問題と混同して $\bar{X}$ としないように注意が必要です。

19 − 7　右片側検定と両側検定の棄却域

▽右片側検定の棄却域

左片側検定と反対に，対立仮説が H_1：$\mu > 300$ のように含有量が表示する量よりも多いことを証明したい場合には棄却域は標本分布の右側の値 $C_{\bar{X}}$ から $+\infty$ までの 0.05 の部分になります。これを「**右片側検定**（right-tailed test）」といいます。棄却域は次で表されます。

$$C_{\bar{X}} = \mu + z_\alpha \frac{\sigma}{\sqrt{n}}$$

図 2 は，右片側検定の棄却域の境界の配置を示しています。

図 2　右片側検定の棄却域と境界 C

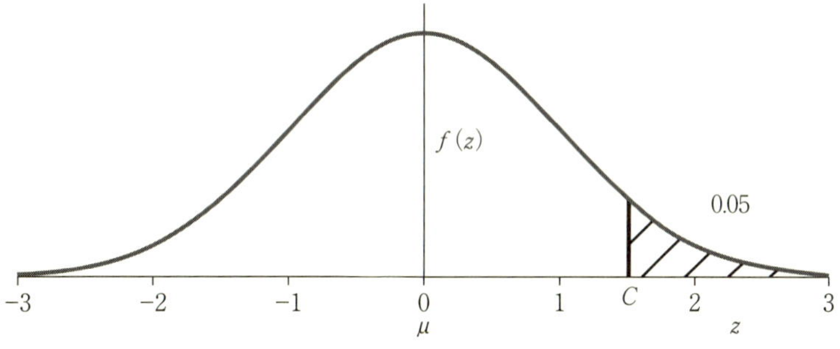

▽両側検定の棄却域

これとは別に，帰無仮説を否定することを目的にした場合は対立仮説を H_1：$\mu \neq 300$ として検定します。このような場合には標本平均が大きくても小さくても帰無仮説を打ち消すことができますので，棄却域は両側に $\alpha/2$ ずつ振り分けます。この検定を「**両側検定**（two-tailed test）」といいます。した

第 19 章　仮説検定（その 1）　◎―― 195

がって両側検定の棄却域は左右に 2 つありそれぞれの境界の値 $C_{\bar{X}_1}$, $C_{\bar{X}_2}$ は次のようになります。

$$C_{\bar{X}1} = \mu - z_{\alpha/2}\frac{\sigma}{\sqrt{n}}, \quad C_{\bar{X}2} = \mu + z_{\alpha/2}\frac{\sigma}{\sqrt{n}}$$

ここで有意水準 0.05 の場合は $z_{\alpha/2}=z_{0.025}=1.96$ です。図 3 は，両側検定の棄却域とその境界の配置を示したものです。

図 3　両側検定の棄却域と境界 C_1, C_2

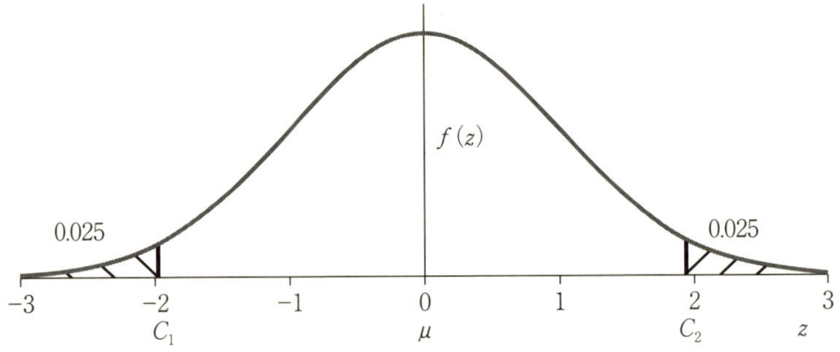

19－8　有意水準の違いによる結論の違いの意味

「解答 19 － 1」で有意水準が 0.05 でなく 0.01 で判断した場合は $z_{0.01}=2.326$（第 13 章の付表 2 または Excel 関数 NORM.S.INV で求める）ですので棄却域が次のようになります。

$$C_{\bar{X}} = 300 - 2.326 \times \frac{10}{\sqrt{20}} = 294.8$$

すると標本平均は $\bar{X}=295.8$ ですので，採択域の中であり棄却域に入りません。この場合は帰無仮説を棄却できずに不当表示を証明したと結論できなくなります。すると一体，有意水準の違いで「採択」したり「棄却」したりと結論が異なって良いのかという疑問が生じることでしょう。

しかし，前節 19 － 3 の「採択域」に入った場合の考え方で述べたように，

棄却域に入らなかった場合の扱い方を，もう一度考えてみてください。この場合は結論を出さずに「棄却する根拠は得られなかった」とするのみで，判断を保留します。つまり，有意水準を低くして誤りの確率を少なくする基準を採用した場合には，結論できないことになるだけです。この時（棄却できない時）には，さらに大きい標本を取り検定をし直すなどの作業が後に続くことになり，一般的に判断を保留するケースが増えるだけと考えれば，有意水準の違いによる結論の違いが納得できると思います。

19 － 9 　判定マーク

必ずつけなければならないものではありませんが，検定の結論が出た場合に以下のような判定マークをつけることがあります。

(1) 有意水準 0.01 で有意であれば，** をつけます。

(2) 有意水準 0.05 で有意（有意水準 0.01 では有意でない）であれば，* をつけます。

(3) 有意水準 0.05 で有意でなければ，何も印をつけません

(例) 例えば解答 19 － 1 の標本平均 $\bar{X}$ は有意水準 0.05 で有意でしたが有意水準 0.01 では有意でありませんでした。この場合

$$\bar{X} = 295.8^{*} \quad (^{*}p < 0.05)$$

のように示す場合があります。

第 19 章　練習問題

【問題 19 － 1】

S 大学 1 年生の英語の平均点は 70 点，標準偏差は 10 点であった。入学試験で英語の試験を課さなかった AO 入試の合格者の学生を無作為に 8 人選び，英語の平均点を調べたところ 65 点であった。AO 入試で入学した学生の英語の平均点は全体の学生の平均点より低いといえるか。AO 入試で入学した全学生の英語の成績分布の標準偏差は同じ 10 点であることがわかっているものとし，有意水準 5 ％で検定しなさい。

第 **20** 章

仮説検定（その2）

考えてみよう 20 − 1

　今までは，あるオーディオ・プレーヤーを購入する顧客のうち 40％が女性であった。この割合が変化すればプレーヤーのデザインを考え直し，女性向けか男性向けに商品を特化して仕上げる必要がある。そこで，最近その製品を購入した 600 人について調査したところ，219 人が女性であった。商品デザインを考え直す必要があるか。有意水準 0.05 で検定しなさい。

解答 20 － 1

ANSWER

　顧客の母集団における女性割合を π とすると，帰無仮説は H_0：$\pi = 0.4$，一方，対立仮説は H_1：$\pi \neq 0.4$ です。したがってこの例では両側検定を行います。両側検定の場合は，棄却域は両側にあり

$$C_{\pm P} = \pi \pm z_{0.025} \sqrt{\frac{\pi(1-\pi)}{n}}$$

で与えられます。標本の大きさ $n=600$ であり，$z_{0.025}=1.96$ ですので棄却域の境界は

$$C_{\pm P} = 0.4 \pm 1.96 \sqrt{\frac{0.4 \times 0.6}{600}} = 0.361 \quad \text{および} \quad 0.439$$

となります。一方標本比率 P は $x=219$ より $P=\dfrac{219}{600}=0.365$ です。

　したがって標本比率は棄却域には無いので仮説は棄却できません。つまり顧客の 40% が女性であるという従来の比率が変化したということはできません。したがって，商品デザインを考え直さなければならない状況になったとは結論できません。

解　　説

EXPLANATION

20 － 1 　t 検定

▽ t 検定の棄却域

　第 19 章の棄却域の定義は母標準偏差 σ が既知の場合ですが，未知の場合は第 17 章の推定問題と同様に t 分布を用います。「母集団の分布は正規分布に従っている」という仮定があることも推定の場合と同様です。一般に t 分布を

用いる検定を「t検定」といいます。それぞれの棄却域の境界の値は以下のように与えられます。なお，自由度は $\nu = n-1$ です。

(1) 左片側検定：$C_{\bar{X}} = \mu - t_\alpha \dfrac{s}{\sqrt{n}}$

(2) 右片側検定：$C_{\bar{X}} = \mu + t_\alpha \dfrac{s}{\sqrt{n}}$

(3) 両側検定：$C_{\bar{X}1} = \mu - t_{\alpha/2} \dfrac{s}{\sqrt{n}}$, $C_{\bar{X}2} = \mu + t_{\alpha/2} \dfrac{s}{\sqrt{n}}$

▽大標本での t 検定の棄却域

　大標本（$n \geq 30$）の場合は推定問題の場合と同様に t 分布を正規分布として近似して棄却域を求めます。したがって，棄却域は次のようになります。

(1) 左片側検定：$C_{\bar{X}} = \mu - z_\alpha \dfrac{s}{\sqrt{n}}$

(2) 右片側検定：$C_{\bar{X}} = \mu + z_\alpha \dfrac{s}{\sqrt{n}}$

(3) 両側検定：$C_{\bar{X}1} = \mu - z_{\alpha/2} \dfrac{s}{\sqrt{n}}$, $C_{\bar{X}2} = \mu + z_{\alpha/2} \dfrac{s}{\sqrt{n}}$

20-2　比率の検定

　比率の場合も大標本であれば正規分布で近似ができました。そこで帰無仮説，対立仮説を次のように立てると上で述べた検定法がそのまま適用できます。

　　H_0：$\pi = \pi_0$
　　H_1：$\pi < \pi_0$（左片側検定の場合）

(1) 左片側検定：$C_P = \pi_0 - z_\alpha \sqrt{\dfrac{\pi_0(1-\pi_0)}{n}}$

(2) 右片側検定：$C_P = \pi_0 + z_\alpha \sqrt{\dfrac{\pi_0(1 - \pi_0)}{n}}$

(3) 両側検定：$C_{P1} = \pi_0 - z_{\alpha/2} \sqrt{\dfrac{\pi_0(1 - \pi_0)}{n}}$, $C_{P2} = \pi_0 + z_{\alpha/2} \sqrt{\dfrac{\pi_0(1 - \pi_0)}{n}}$

ただし，注意しなければいけないのは推定の場合と異なり使用する比率は帰無仮説で仮定した母集団の比率 π であって標本比率の P ではありません。このように求めた棄却域に標本比率の P が入っているかどうかを検定します。

20 － 3　平均値の差の検定

2つの母集団の平均値について違いがあるのかどうかの検定もしばしば行われるケースです。差の検定の場合には帰無仮説は差がないことを仮定します。

H_0： $\mu_1 - \mu_2 = 0$

H_1： $\mu_1 - \mu_2 < 0$ （左片側検定の場合）

▽母標準偏差が既知の場合

まず，2つの母集団の分散がそれぞれ既知である場合が基本となりますのでそれを述べます。この場合にはそれぞれの棄却域は次のように求めます。求めた棄却域から標本平均の差 $\bar{X}_1 - \bar{X}_2$ が棄却域にあるかどうかの検定をします。なお，ここで用いているそれぞれの記号については推定問題の場合と同様です。

(1) 左片側検定：$C_{\bar{X}} = -z_\alpha \sqrt{\dfrac{\sigma_1^2}{n_1} + \dfrac{\sigma_2^2}{n_2}}$

(2) 右片側検定：$C_{\bar{X}} = z_\alpha \sqrt{\dfrac{\sigma_1^2}{n_1} + \dfrac{\sigma_2^2}{n_2}}$

(3) 両側検定：$C_{\bar{X}1} = -z_{\alpha/2} \sqrt{\dfrac{\sigma_1^2}{n_1} + \dfrac{\sigma_2^2}{n_2}}$, $C_{\bar{X}2} = z_{\alpha/2} \sqrt{\dfrac{\sigma_1^2}{n_1} + \dfrac{\sigma_2^2}{n_2}}$

第20章　仮説検定（その2）　◎── 201

▽平均値の差の t 検定

母集団の分散が未知の場合には推定問題と同様にして t 分布を用います。

（i）ケース1：2つの母集団の分散が等しいという仮定が成り立つ場合には，以下の「込みにした分散」を求めます。

$$s_p^2 = \frac{1}{n_1 + n_2 - 2}\left\{\sum(X_{1_i} - \bar{X}_1)^2 + \sum(X_{2_i} - \bar{X}_2)^2\right\}$$

$$= \frac{1}{n_1 + n_2 - 2}\left\{(n_1 - 1)s_1^2 + (n_2 - 1)s_2^2\right\}$$

自由度は $\nu = n_1 + n_2 - 2$ です。これより棄却域は次のようになります。

（1）左片側検定：$C_{\bar{X}} = -t_\alpha s_p \sqrt{\dfrac{1}{n_1} + \dfrac{1}{n_2}}$

（2）右片側検定：$C_{\bar{X}} = t_\alpha s_p \sqrt{\dfrac{1}{n_1} + \dfrac{1}{n_2}}$

（3）両側検定：$C_{\overline{X1}} = -t_{\alpha/2} s_p \sqrt{\dfrac{1}{n_1} + \dfrac{1}{n_2}},\ C_{\overline{X2}} = t_{\alpha/2} s_p \sqrt{\dfrac{1}{n_1} + \dfrac{1}{n_2}}$

（ii）ケース2：母集団の分散が等しくないと考えられる場合には，近似的に t 分布に従うという仮定の下で，棄却域は次のようになります。

（1）左片側検定：$C_{\bar{X}} = -t_\alpha \sqrt{\dfrac{s_1^2}{n_1} + \dfrac{s_2^2}{n_2}}$

（2）右片側検定：$C_{\bar{X}} = t_\alpha \sqrt{\dfrac{s_1^2}{n_1} + \dfrac{s_2^2}{n_2}}$

（3）両側検定：$C_{\overline{X1}} = -t_{\alpha/2} \sqrt{\dfrac{s_1^2}{n_1} + \dfrac{s_2^2}{n_2}},\ C_{\overline{X2}} = t_{\alpha/2} \sqrt{\dfrac{s_1^2}{n_1} + \dfrac{s_2^2}{n_2}}$

ただし，この場合 t 分布の自由度は次で与えられます。記号[　]は小数点以下切り捨てて最も近い整数にすることを意味します。

$$v = \left\lfloor \frac{(s_1^2/n_1 + s_2^2/n_2)^2}{(s_1^2/n_1)^2/(n_1-1) + (s_2^2/n_2)^2/(n_2-1)} \right\rfloor$$

▽大標本の場合の差の検定

大標本の場合には正規分布近似が成り立つため，棄却域の導出には分散が既知の場合の母分散 σ^2 を標本分散 s^2 に置き換えた形になります。

(1) 左片側検定：$C_{\bar{X}} = -z_\alpha \sqrt{\dfrac{s_1^2}{n_1} + \dfrac{s_2^2}{n_2}}$

(2) 右片側検定：$C_{\bar{X}} = z_\alpha \sqrt{\dfrac{s_1^2}{n_1} + \dfrac{s_2^2}{n_2}}$

(3) 両側検定：$C_{\overline{X1}} = -z_{\alpha/2} \sqrt{\dfrac{s_1^2}{n_1} + \dfrac{s_2^2}{n_2}}$, $C_{\overline{X2}} = z_{\alpha/2} \sqrt{\dfrac{s_1^2}{n_1} + \dfrac{s_2^2}{n_2}}$

20-4　比率の差の検定

比率の差の検定の場合にも 2 つの母集団の比率は同じであることを帰無仮説とします。

$$H_0 : \pi_1 - \pi_2 = 0 \text{ すなわち } H_0 : \pi_1 = \pi_2 = \pi$$

正規分布近似が成立する大標本の場合には次のようになります。なお，この場合，2 つの母集団の比率が同じと仮定しているので，比率は

$$\pi = \frac{x_1 + x_2}{n_1 + n_2}$$

として求めたものを使います。

(1) 左片側検定：$C_P = -z_\alpha \sqrt{\pi(1-\pi)\left(\dfrac{1}{n_1} + \dfrac{1}{n_2}\right)}$

第 20 章　仮説検定（その 2）　◎── 203

(2) 右片側検定：$C_P = z_\alpha \sqrt{\pi(1-\pi)\left(\dfrac{1}{n_1} + \dfrac{1}{n_2}\right)}$

(3) 両側検定：

$$C_{P1} = -z_{\alpha/2} \sqrt{\pi(1-\pi)\left(\frac{1}{n_1} + \frac{1}{n_2}\right)}, \ C_{P2} = z_{\alpha/2} \sqrt{\pi(1-\pi)\left(\frac{1}{n_1} + \frac{1}{n_2}\right)}$$

第 20 章　練習問題

【問題 20 − 1】

　高血圧を治療する新しい薬が開発された。薬の効果を調べるために無作為に高血圧の患者 50 人を抽出した。50 人の最高血圧の平均は 140mmHg であった。その後，新しい薬を試みたところ $\overline{X}$=133mmHg，標本標準偏差 s=24.3mmHg という結果を得た。新しい薬は最高血圧を下げる効果があると結論付けて良いか？　有意水準 0.05 で検定しなさい。

【問題 20 − 2】

　あるメーカーのノートパソコンには，バッテリー駆動時間が 3.00 時間と表示されている。ところが消費生活センターに消費者からバッテリー駆動時間は 3.00 時間より短いと苦情が寄せられている。そこで，同機種の 8 つのノートパソコンについて調査したところ，駆動時間は，2.90，3.05，2.81，2.94，2.75，2.91，2.76，3.00 時間であった。駆動時間は 3.00 時間より短いと疑うに十分な証拠となるか？　有意水準 0.05 で検定しなさい。

【問題 20 − 3】

　ある資格試験の合格率はここ数年 1/3 が続いている。そこで，無作為に選ばれた 30 人の受験者に新しい教育方法で特訓を行った。何人以上が合格すれば，特訓の効果があったといえるか。有意水準 0.05 の比率の検定より求めなさい。

【問題 20 − 4】（差の検定）

　ある食品会社が新商品を開発して，東京と大阪のモニターそれぞれ 30 人に試食をしてもらった。7 点満点の評価点をつけてもらったところ，東京では平均点 3.167 点，分散 s_1^2 が 1.592 であった。一方大阪では平均点 4.067 点で分散 s_2^2 は 1.582 であった。東京と大阪で嗜好に差があるといえるか。有意水準 0.05 で検定しなさい。

【問題 20 － 5】（比率の差の検定）

　ある製薬会社が乗り物酔いの新薬を開発した。新薬の薬効を調べるために，ある小学校に協力を求め，200 人のグループを 2 つ作り，観光バスで日帰り旅行に出た。1 つのグループには新薬を旅行前に与え，もう 1 つのグループにはプラシーボ（偽薬）として小麦粉を乗り物酔いの薬と言って与えた。その結果，薬を飲んだグループでは 200 人中 35 人が，小麦粉グループでは 200 人中 47 人が乗り物酔いをした。この薬に乗り物酔いを防ぐ効果があると結論してよいか。有意水準 0.05 で検定しなさい。

第21章
適合度検定と独立性検定

考えてみよう21−1

　ある総合病院で治療したある年1年間の脳出血の患者480例について集計し，発症した月ごとにk=6組に分類してみたところ，下の表のような結果が得られた。脳出血の発症数は月に関係なく一様であるという仮説を有意水準0.05で検定しなさい。

月	1−2	3−4	5−6	7−8	9−10	11−12	合計
発症件数	96	92	71	67	64	90	480

考えてみよう21−2

　あるビール会社が新しいビールを試作し，東京，大阪，福岡で試飲会を行った。この新製品が発売された場合，この味を好むか，好まないかをアンケート調査したところ，次の表1のようになった。このビールの味の好みに地域差はあるかどうかを，有意水準0.05で検定しなさい。

表1　地域別のビールの好みのアンケート結果

	東　京	大　阪	福　岡
好　　む	124	73	120
好まない	76	77	80

解答 21 − 1

ANSWER

　帰無仮説として脳出血の発症数は月に関係なく一様であるとします。すると一様であるという説に従って，それぞれの月の発症数（期待度数）は480例の患者数を均等にしてすべての月で$\frac{480}{6}$=80 例となります。これを観測度数と理論値（期待度数）の表としてまとめると次のようになります。

月	1 − 2	3 − 4	5 − 6	7 − 8	9 − 10	11 − 12	計
観測度数	96	92	71	67	64	90	480
期待度数	80	80	80	80	80	80	480

　観測した発症数と期待度数とでは 96 と 80，67 と 80 など随分違いがあります。この違いは標本抽出の偶然によるものか，それとも「脳出血の発症数は月に関係が無い」という仮説が間違っているのかをみるために χ^2 検定を行います。

　この検定の帰無仮説 H_0 は，「脳出血の発症数は月に関係が無い」です。χ^2 検定では期待度数からの違いの尺度として次の統計量 Z を計算します。式の中にある f_i は観測度数であり e_i は理論値です。

$$Z=\sum_{i=1}^{6}\frac{(f_i-e_i)^2}{e_i}$$
$$=\frac{(96-80)^2}{80}+\frac{(92-80)^2}{80}+\frac{(71-80)^2}{80}+\frac{(67-80)^2}{80}+\frac{(64-80)^2}{80}+\frac{(90-80)^2}{80}$$
$$=12.575$$

　この値 Z は χ^2 分布に従う統計量です。有意水準 0.05 であるので，この χ^2 分布の値 C_{χ^2} から $+\infty$ の面積 0.05 を与える値 C_{χ^2} を求めます。この値を求めるには，Excel で関数「CHISQ.INV」を用いるか，もしくは付表 4（p.214）として章末に示す数表を用いることになります。この場合自由度は $m=k-1=6-$

第 21 章　適合度検定と独立性検定　◎—— 207

1＝5 です。関数「CHISQ.INV」の確率を 0.95，自由度を 5 とすると

$$C_{\chi^2} = 11.07$$

となります。したがって，$Z = 12.575 > 11.07$ であり，棄却域に入っていますので，仮説は棄却されます。すなわちこのデータは脳出血の発症数が月に関係しているという十分な証拠となります。

解　　説　　　　　　　　　　　　EXPLANATION

21 － 1　χ^2 分布

「考えてみよう 21 － 1」は，ある理論（または規則）と観測値が合致しているか否かの「**適合度**（goodness of fit）」を検定する問題でした。「解答 21 － 1」では理論値と観測値の違いの尺度として次のような量を求めました。

$$Z = \sum \frac{(f_i - e_i)^2}{e_i}$$

ここで f_i は観測度数であり，e_i は期待度数（理論値）です。この尺度は「χ^2 適合度統計量」と呼ばれますが，標本の大きさが大きい場合には次のような「χ^2 **分布**（chi square distribution）」に従う量です。χ^2 分布も自由度 ν により大きく形を変える分布です。図 1 は，χ^2 分布の確率密度関数 $f(Z)$ を描いたものです。

図1　χ^2分布のグラフ

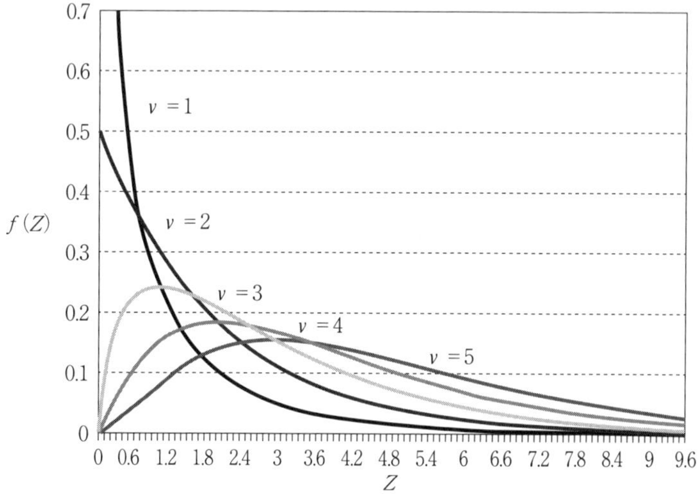

21 − 2　χ^2検定

　χ^2の統計量を用いて適合度を検定する場合をχ^2検定といいます。自由度νは

$$\nu = n - 1 - r$$

と計算されます。ここでnはブロックの数。「考えてみよう21 − 1」の場合は1 − 2から11 − 12までの月の分類ブロック数の6です。また，ここでrとは標本から推定された母数の数です。このようなものが使用された場合には通常の自由度の他にさらに自由度が失われます。例えば，二項分布に従っていることを示したい検定で，成功確率pが与えられない場合は標本から推定しなければいけません。試行回数400回のうち220回が成功した標本の場合は，標本比$P = \dfrac{220}{400} = 0.55$とし，これを成功確率に用いて二項分布の期待値を計算したとします。すると母数（この場合は成功確率）を1つ推定していますので$r=1$となり自由度がもう1つ失われます。なお，「考えてみよう21 − 1」の場合には，このような母数の推定をしていませんので$r=0$です。

第21章　適合度検定と独立性検定　◎── 209

●Excel による χ^2 分布の棄却域の求め方

　χ^2 分布の棄却域は解答 21 − 1 に述べたように，関数「CHISQ.INV」を用います。

① 「数式」「関数ライブラリ」→「関数の挿入」から関数の分類「統計」の中にある「CHISQ.INV」を選択します。

② 「関数の引数」の「確率」に「1 − 有意水準」を，「自由度」に上で求めた自由度を入力して「OK」を押します。

　χ^2 統計量が棄却域に入った場合は，帰無仮説を棄却する根拠を得たことになります。棄却域に入らなかった場合は，第 19 章と同様の考えで「帰無仮説を棄却できる根拠は得られなかった」という程度の結論になります。ある法則や理論を対象とした適合度検定ではありますが，採択域に入ったからといって，その理論を積極的に証明しているわけではないからです。

21 − 3 　標本の大きさ

　統計量 Z が χ^2 分布に従うためには標本の大きさ n が十分大きいという仮定があります。n が十分大きいということは，「解答 21 − 1」で行ったようなクラス分けの各級で期待度数が 5 より大きいことが目安になります。「解答 21 − 1」で 1 − 2 月などの月別の期待値が 80 でしたが，もしここが 4 以下になるようでしたら，2 カ月ごとの集計ではなく 3 カ月ごとにするなど，適切にクラス分けを施して期待度数を 5 以上にする工夫が必要になります。

解答 21 − 2

ANSWER

それぞれの行と列の合計およびその比を求めると次の表2のようになります。

表2　合計を含めたアンケート結果

	東　京	大　阪	福　岡	小　計	比 P_i
好　む	124	73	120	317	317/550
好まない	76	77	80	233	233/550
小　計	200	150	200	550	1
比 P_j	4/11	3/11	4/11	1	

好むか好まないかの比率を3つの地域の合計から算出すると調査対象550人のうちで「好む」：「好まない」の比は317/550：233/550です。一方550人の地域の比は「東京」：「大阪」：「福岡」＝ 4/11：3/11：4/11 です。もしビールの味の好き嫌いの判断が地域に関係がなければ（これを「地域と好みは**独立**している」と表現します），550人の全体からの比で決まるので，表の枠それぞれの比は，2つの比の掛け算になります。例えば「東京」で「好む」人の割合は317/550 × 4/11 になるはずです。したがって，この比に全体の数550を掛けると，独立している場合の期待値が得られます。このような計算を表1のすべてのケースについて行って，期待度数を表として表すと次のようになります。

表3　表1に対する期待度数

	東　京	大　阪	福　岡
好　む	115.3	86.5	115.3
好まない	84.7	63.5	84.7

ここで，「観測度数」と「独立を仮定した期待度数」とでは数値として違いがありますが，これは標本抽出の偶然であるのか，それとも実際地域によって

第21章　適合度検定と独立性検定　◎—— 211

ビールの好みが違い購買力に差があるのかを χ^2 検定で行います。前節と同様に統計量 Z を求めると次のようになります。

$$Z = \frac{(124-115.3)^2}{115.3} + \frac{(73-86.5)^2}{86.5} + \frac{(120-115.3)^2}{115.3} + \frac{(76-84.7)^2}{84.7} +$$

$$\frac{(77-63.5)^2}{63.5} + \frac{(80-84.7)^2}{84.7} = 6.96$$

次に χ^2 分布の棄却域を求めます。この場合自由度は行の数（2行）と列の数（3列）から1を引いた数の掛け算で与えられます。

$$v = (2-1)(3-1) = 2$$

Excel の関数 CHISQ.INV または章末の付表4から確率 0.95，自由度2の時

$$C_{\chi^2} = 5.99$$

となります。したがって

$$Z = 6.96 > 5.99$$

であり，統計量 Z は棄却域に入っていることがわかります。「ビールの味の好き嫌いと地域は独立である（無関係である）」という仮説を棄却します。つまり，このビールの味の好みには地域差があると結論して良いことになります。

解　説　EXPLANATION

21 - 4　統計的独立

「考えてみよう 21 - 2」のような表を「**分割表** (contingency table)」といいます。これは2つあるいはそれ以上の特性が互いに依存しあうかどうかを示す表のことです。次に「**周辺（確率）分布** (marginal distribution)」を求めます。周辺分布とは表2のようにして，行についての比（この例の場合は「好む，好まない」

の比）を P_i とし，列についての比（地域別のアンケート数の比）を P_j とし，これを「周辺確率」と呼びますが，この周辺確率の分布のことです。

このとき分割表のそれぞれの組み合わせの比の分布を 2 変量確率 P_{ij} と表して，「同時確率」と呼び，その分布を周辺分布に対して「**同時（確率）分布**（joint distribution）」といいます。同時確率 P_{ij} が 2 変量に関して統計的独立であるならば確率として次が成り立ち，これを帰無仮説とします。

$$H_0 : P_{ij} = P_i P_j$$

21 − 5　χ^2 独立性検定

独立性の検定は適合度検定と同様にして，上の帰無仮説から期待度数 E_i を求めて，観測度数 O_i との差から，次の和 Z を χ^2 独立性統計量として求めます。

$$Z = \sum\sum \frac{(O_i - E_i)^2}{E_i}$$

ここで Σ が 2 つあるのは行と列の両方で和を取るという意味です。

自由度 ν は行の数を r とし，列の数を c とすると下の式で与えられます。

$$\nu = (r-1)(c-1)$$

棄却域の決定と検定は適応度検定の場合と同様です。

第 21 章　練習問題

【問題 21 − 1】

男の子と女の子の出生率では男の子のほうがやや高く 0.52 といわれている。すると男子の子供の割合は成功確率 $p = 0.52$ の二項分布に従うと考えて良いかもしれない。これを確かめるために子供が 4 人の家庭を 100 世帯調べて次の表のような結果を得た。この結果は男子の出生が $p = 0.52$ の二項分布に従っていることを示すものであるかどうかを検定しなさい。有意水準は 0.05 とする。

第21章　適合度検定と独立性検定　◎── 213

男子の数	0	1	2	3	4
世 帯 数	1	17	49	27	6

　なお，二項分布を求める場合は，第11章の章末の参考に示した Excel 関数「BINOM.
DIST」を使用すること。

【問題 21 － 2】

　フェアトレードを広く啓蒙するために消費者 400 人からアンケート調査を行った。フェア
トレードの認知度が年齢により差があるかどうかをみるために次表のような集計をしてみ
た。年齢により，フェアトレードについての認知度に差があるといえるか。有意水準 0.05 で
検定しなさい。

	知らない	知っているが買ったことはない	買ったことがある	計
20 代	66	38	46	150
30 代	72	36	42	150
40 代	62	26	12	100
計	200	100	100	400

【問題 21 － 3】

　S 大学では入学試験の科目に英語か数学かを選択できる。入学後の統計学の成績（単位を
取れたか取れなかったか）と，入試で選択した科目との間に関係があるかどうかをみるため
に調査を行ったところ次の表のような結果を得た。入試での選択科目は入学後の統計学での
単位の取得の合否に関係があるといえるか。

	英　語	数　学	計
単位が取得できた	108	52	160
単位が取得できなかった	32	8	40
計	140	60	200

付表4　χ^2分布の0からCまでの確率Pを与える境界の値C

$v \setminus P$	0.005	0.01	0.025	0.05	0.1	0.9	0.95	0.975	0.99	0.995
1	0.00	0.00	0.00	0.00	0.02	2.71	3.84	1.32	6.63	7.88
2	0.01	0.02	0.05	0.10	0.21	4.61	5.99	2.77	9.21	10.60
3	0.07	0.11	0.22	0.35	0.58	6.25	7.81	4.11	11.34	12.84
4	0.21	0.30	0.48	0.71	1.06	7.78	9.49	5.39	13.28	14.86
5	0.41	0.55	0.83	1.15	1.61	9.24	11.07	6.63	15.09	16.75
6	0.68	0.87	1.24	1.64	2.20	10.64	12.59	7.84	16.81	18.55
7	0.99	1.24	1.69	2.17	2.83	12.02	14.07	9.04	18.48	20.28
8	1.34	1.65	2.18	2.73	3.49	13.36	15.51	10.22	20.09	21.95
9	1.73	2.09	2.70	3.33	4.17	14.68	16.92	11.39	21.67	23.59
10	2.16	2.56	3.25	3.94	4.87	15.99	18.31	12.55	23.21	25.19
11	2.60	3.05	3.82	4.57	5.58	17.28	19.68	13.70	24.72	26.76
12	3.07	3.57	4.40	5.23	6.30	18.55	21.03	14.85	26.22	28.30
13	3.57	4.11	5.01	5.89	7.04	19.81	22.36	15.98	27.69	29.82
14	4.07	4.66	5.63	6.57	7.79	21.06	23.68	17.12	29.14	31.32
15	4.60	5.23	6.26	7.26	8.55	22.31	25.00	18.25	30.58	32.80
16	5.14	5.81	6.91	7.96	9.31	23.54	26.30	19.37	32.00	34.27
17	5.70	6.41	7.56	8.67	10.09	24.77	27.59	20.49	33.41	35.72
18	6.26	7.01	8.23	9.39	10.86	25.99	28.87	21.60	34.81	37.16
19	6.84	7.63	8.91	10.12	11.65	27.20	30.14	22.72	36.19	38.58
20	7.43	8.26	9.59	10.85	12.44	28.41	31.41	23.83	37.57	40.00
21	8.03	8.90	10.28	11.59	13.24	29.62	32.67	24.93	38.93	41.40
22	8.64	9.54	10.98	12.34	14.04	30.81	33.92	26.04	40.29	42.80
23	9.26	10.20	11.69	13.09	14.85	32.01	35.17	27.14	41.64	44.18
24	9.89	10.86	12.40	13.85	15.66	33.20	36.42	28.24	42.98	45.56
25	10.52	11.52	13.12	14.61	16.47	34.38	37.65	29.34	44.31	46.93
26	11.16	12.20	13.84	15.38	17.29	35.56	38.89	30.43	45.64	48.29
27	11.81	12.88	14.57	16.15	18.11	36.74	40.11	31.53	46.96	49.64
28	12.46	13.56	15.31	16.93	18.94	37.92	41.34	32.62	48.28	50.99
29	13.12	14.26	16.05	17.71	19.77	39.09	42.56	33.71	49.59	52.34
30	13.79	14.95	16.79	18.49	20.60	40.26	43.77	34.80	50.89	53.67
40	20.71	22.16	24.43	26.51	29.05	51.81	55.76	45.62	63.69	66.77
50	27.99	29.71	32.36	34.76	37.69	63.17	67.50	56.33	76.15	79.49
60	35.53	37.48	40.48	43.19	46.46	74.40	79.08	66.98	88.38	91.95
70	43.28	45.44	48.76	51.74	55.33	85.53	90.53	77.58	100.43	104.21
80	51.17	53.54	57.15	60.39	64.28	96.58	101.88	88.13	112.33	116.32
90	59.20	61.75	65.65	69.13	73.29	107.57	113.15	98.65	124.12	128.30
100	67.33	70.06	74.22	77.93	82.36	118.50	124.34	109.14	135.81	140.17

第22章
分散分析

考えてみよう 22 − 1

S 大学の K 先生は自宅から大学まで
車で通っている。この町は道路が整備
されていて，通勤ルートは 4 種類ある
が，どの交差点を曲がっても距離は同
じである。しかし K 先生は長い経験か
らあるルートが早いのではないかと感じ
ている。そこで，それぞれのルートを 5

ルート 1	ルート 2	ルート 3	ルート 4
22	25	25	27
26	27	29	29
25	28	33	28
25	26	30	30
32	29	33	31

回走って通勤時間（単位 分）を計ったところ次の表のようになった。ルー
トによる通勤時間の違いは確かにルートによるものであるのか，それとも
偶然であろうか。有意水準 0.05 で検定しなさい。

考えてみよう 22 − 2

「考えてみよう 22 − 1」で測定した
通勤時間について K 先生に詳しく尋
ねたところ各ルートの所要時間はそれ
ぞれ 1 週間で測っていたことが判明し
た。すなわち各ルートの 5 つのデータ
は次の表に示すように曜日による違い
がある可能性が出てきた。するとルー

	ルート 1	ルート 2	ルート 3	ルート 4
月	22	25	25	27
火	26	27	29	29
水	25	28	33	28
木	25	26	30	30
金	32	29	33	31

トの設定と曜日による通勤時間に有意な差があるであろうか。

解答 22 - 1　　　　　　　　　　　　ANSWER

　このように4種類のルートの差を検定する場合には分散分析を用いるのが良いでしょう。通勤時間の差が有意（ルートに依存する）なのか偶然なのかの検定ですので，帰無仮説 H_0 はルートの平均通勤時間をそれぞれ μ_1, μ_2, μ_3, μ_4 とすると，

　　　H_0 : $\mu_1 = \mu_2 = \mu_3 = \mu_4$

となり，対立仮説は

　　　H_1 : μ_1, μ_2, μ_3, μ_4 すべて等しくない

となります。
　この標本から，それぞれのルートの平均時間は次のように求められます。

	ルート1	ルート2	ルート3	ルート4
平　均	26	27	30	29

　平均を見るとルート1が早く，ルート3が遅いように思われます。本当にルートによる差があるのか，標本を根拠に実証するために分散分析を Excel で行います。

●Excel での分散分析法

　Excel の「データ」「分析」→「データ分析」から「分散分析：一元配置」を選択し，「入力範囲」に4ルートすべてのデータ範囲をマウスでドラッグし，「出力先」を指定すると次のような結果を得ます。このときデータドラッグは，「ルート1」などの項目まで指定し「先頭行をラベルとして使用」にチェックを入れておくと結果がわかりやすくなります。以下のような分析結果を得ます。

第 22 章　分散分析　◎── 217

概　要

グループ	標本数	合　計	平　均	分　散
ルート 1	5	130	26	13.5
ルート 2	5	135	27	2.5
ルート 3	5	150	30	11
ルート 4	5	145	29	2.5

分散分析表

変動要因	変　動	自由度	分　散	観測された分散比	P- 値	F 境界値
グループ間	50	3	16.66667	2.259887	0.120731	3.238872
グループ内	118	16	7.375			
合　計	168	19				

　ここでの結論は，「観測された分散比」と「F 境界値」から判断できます。「観測された分散比」F は，F 分布に従い，その有意水準 0.05 の場合の棄却域の境界の値が「F 境界値」3.24 であることを示しています。

$$F = \frac{16.67}{7.38} = 2.26 < 3.24$$

となるので分散比 F は棄却域に入っていません。「P- 値」（19 章 19 − 3 節参照）で示されるように確率も 0.12 と大きく 0.05 以下ではありません。したがって帰無仮説を棄却することはできません。つまりここで得られた標本の 4 つのルートの通勤時間の差は，ルートの違いによるものであるとは結論できません。

解　説　EXPLANATION

22 − 1　分散分析

　2 つのルートの違いを検定するのであるならば第 20 章の差の検定が使えま

すが，この「考えてみよう22 − 1」のようにたくさんの平均値を比較しよう
とする場合には「**分散分析**（ANOVA：analysis of variance）」を用いることができ
ます。通勤時間の違いをルートの違いという1つの原因に求めていますのでこ
のような分散分析を「**一元（一因子）分散分析**」といいます。

帰無仮説 H_0：$\mu_1 = \mu_2 = \mu_3 = \mu_4$ の意味するところは，4つのルートから得
られた標本は同一母集団からの標本であるという仮説です。なお，ここでは仮
定として抽出した標本がもし異なる母集団からのものであったとしても，それ
らの母集団は同一の標準偏差 σ をもつ正規分布で近似できるものとします。

まず，帰無仮説が正しいとして，標本を抽出した母集団の分散を推定してみ
ます。「解答22 − 1」でも作りましたが，それぞれのルートの平均時間と，そ
れら4つのルートの平均時間の平均を出して表にすると次のようになります。

表1　各ルートの所要時間の標本平均と標本平均の平均

標本平均	ルート1	ルート2	ルート3	ルート4	標本平均の平均 $\overline{\overline{X}}$
$\overline{X}_i$	26	27	30	29	28

各ルートの標本平均値の分布（表1）から標本分布の分散 $s_{\overline{X}}^2$ を求めると，

$$s_{\overline{X}}^2 = \frac{1}{n-1} \sum \left(\overline{X}_i - \overline{\overline{X}} \right)^2$$
$$= \frac{1}{4-1} \left[(26-28)^2 + (27-28)^2 + (30-28)^2 + (29-28)^2 \right] = \frac{10}{3}$$

となります。すると，標本分布の分散と母集団分布の分散の関係は第14章標
本分布にあるように

$$\sigma_{\overline{X}}^2 = \frac{\sigma^2}{n}$$

ですので，母集団の分散の推定値は，両辺に n をかけて変形すると

$$\sigma^2 = n \cdot s_{\overline{X}}^2 = 5 \times \frac{10}{3} = \frac{50}{3}$$

第22章　分散分析　◎―― 219

と推定できます。

一方，それぞれのルートの分散 $s_1^2,\ s_2^2,\ s_3^2,\ s_4^2$ を直接求めると

$$s_1^2 = \frac{1}{5-1}\left[(22-26)^2 + (26-26)^2 + \cdots\right] = 13.5$$

$$s_2^2 = \frac{1}{5-1}\left[(25-27)^2 + (27-27)^2 + \cdots\right] = 2.5$$

$$s_3^2 = \frac{1}{5-1}\left[(25-30)^2 + (29-30)^2 + \cdots\right] = 11$$

$$s_4^2 = \frac{1}{5-1}\left[(27-29)^2 + (29-29)^2 + \cdots\right] = 2.5$$

と求められますので，もしも帰無仮説で仮定したように各ルートの通勤時間は同一母集団からの標本であるならば，次のように「込みにした分散」s_p^2 を算出して，この値も母集団の分散の推定値になるはずです。

$$s_p^2 = \frac{1}{4}\left(s_1^2 + s_2^2 + s_3^2 + s_4^2\right) = \frac{118}{16}$$

ここまでの議論をまとめますと母集団の分散の推定については次のような2種類の方法により求めたことになります。

(1) 標本平均の間の変動に基づいて計算された推定値： $n \cdot s_{\bar{X}}^2 = \dfrac{50}{3}$

(2) 標本内部の変動に基づいて計算された推定値： $s_p^2 = \dfrac{118}{16}$

さて，この2つの異なる方法による母分散の推定値はルート別の通勤時間が同一母集団からの標本抽出であるならば，ほぼ等しいはずですから，2つの比が1に近いはずです。しかし，もし帰無仮説が誤りで，ルートが違えば異なる平均値をもつ母集団（「分散は同じである」と仮定）からの抽出であったならば，(2) の「込みにした分散」のほうは各ルートごとの個別の分散で上の仮定から影響はありませんが，全体の標本平均から計算した分散 (1) の方は，平均の

違いが影響して分散の値は大きくなってしまうでしょう。そこで次のような比をとり，2つの方法による分散の推定値を比較します。この比を「**分散比**（variance ratio）」といいます。

$$F = \frac{n \cdot s_{\bar{X}}^2}{s_p^2} = \frac{\bar{X} \text{ の間の変動による } \sigma^2 \text{ 推定値}}{\text{標本内変動による } \sigma^2 \text{ 推定値}}$$

この比は F 分布と呼ばれる分布に従っています。帰無仮説が正しければ，F は1に近い値となり，一方異なる母集団からの標本抽出であり，母平均が異なれば F は大きな値となります。「解答22 - 1」の場合，分子の自由度はルートの数を k とすると $\nu_n = k - 1 = 3$ です。分母の自由度はそれぞれのルートの標本の大きさを n とすると $\nu_d = k(n-1) = 4 \times (5-1) = 16$ となります。図1は，F 分布の確率密度関数 $f(F)$ を自由度3，16として描いたものです。

図1　自由度 3，16 の F 分布

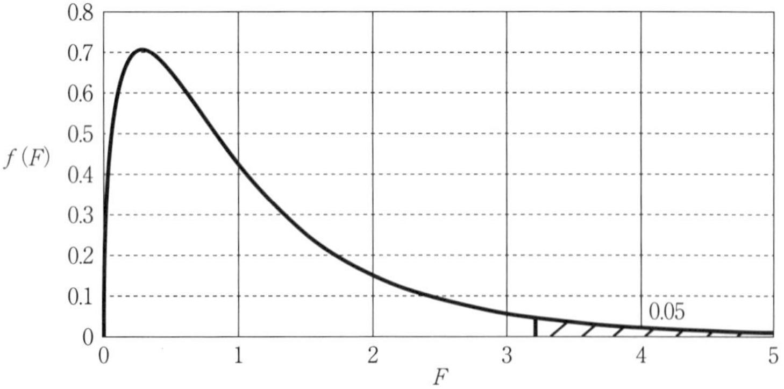

有意水準 0.05 の場合，上で与えられる自由度の F 分布の棄却域の境界は $F_{0.05} = 3.24$ です。分散比はこの例題の場合は解答にあるように $F = 2.26$ ですので棄却域に入っていないことになります。

第 22 章　分散分析　◎── 221

22 − 2 　分散分析表

　分散分析を行う場合は「解答 22 − 1」にあるような分散分析表（ANOVA
表）を Excel の「データ分析ツール」を用いてつくります。この分散分析表
で，「グループ間」とは標本平均から推定する方法（前項の (1)，「考えてみよう 22
− 1」ではルートの標本平均値からの推定方法）のことであり，「グループ内」とは
各ルート内での分散から推定する方法（前項の (2)）のことです。それぞれの
「変動」を「自由度」で割ったものが「分散」の項に示されています。「観測さ
れた分散比」は F のことであり，棄却域の境界の値が「F 境界値」として与
えられています。「P- 値」は有意水準 0.05 での判断とは別に分散比 F の確率を
直接に求めたものです。「P- 値」が 0.05 よりも小さければ帰無仮説を棄却する
ことができます。

解答 22 − 2　　　　　　ANSWER

　「解答 22 − 1」ではルートの違いのデータのばらつきは単なる偶然と考えて
いましたが，2 つ目の原因として曜日の違いが判明しました。この場合は先の
「解答 22 − 1」の一元配置の分散分析ではなく二元配置分散分析を行う必要が
あります。

　この例では，帰無仮説は「ルート，曜日に関わらず通勤時間の母平均 μ は同
一である」という仮説です。

●Excel による二元分散分析法

　Excel の「データ」「分析」→「データ分析」から「分散分析：繰り返しの
ない二元配置」を選択します。「入力範囲」に各ルートのデータをすべてマウ
スでドラッグして入力します。「出力先」に出力するセルをクリックして入力
し「OK」を押すと，次のような結果を得ます。

　この結果で「行」とは曜日の違いの因子であり，「列」がルートの違いの因
子です。ルートについては「観測された分散比」は 6.25 であり，一方棄却域

分散分析：繰り返しのない二元配置

概　要	標本数	合　計	平　均	分　散
月	4	99	24.75	4.25
火	4	111	27.75	2.25
水	4	114	28.5	11
木	4	111	27.75	6.916667
金	4	125	31.25	2.916667
ルート1	5	130	26	13.5
ルート2	5	135	27	2.5
ルート3	5	150	30	11
ルート4	5	145	29	2.5

分散分析表

変動要因	変　動	自由度	分　散	観測された分散比	P-値	F境界値
行	86	4	21.5	8.0625	0.002137	3.259167
列	50	3	16.66667	6.25	0.008444	3.490295
誤　差	32	12	2.666667			
合　計	168	19				

の境界の値は「F境界値」から3.49ですので，

$$F_{0.05} = 3.49 < 6.25$$

であり，棄却域に入っています。実際この分散比では「P-値」が0.008と非常に小さい値です。また，曜日の違いについても「観測された分散比」は8.06であり，棄却域は「F境界値」から3.26であるので，

$$F_{0.05} = 3.26 < 8.06$$

であり，棄却域に入っています。この分散比では「P-値」が0.002とさらに小さい値です。したがって帰無仮説が棄却されて，K先生の通勤時間に関してはルートによる違いがあり，また曜日による違いもあると結論してよいことになります。

第 22 章　分散分析　◎── 223

解　説　EXPLANATION

22-3　二元分散分析

「考えてみよう22-2」ではルートの違いの他に，偶然だと思われていた通勤時間のばらつきが曜日の違いである可能性が出てきました。このように原因が2つある場合の分散分析を「**二元（二因子）分散分析**」といいます。他の因子が考慮されることによって説明されない部分が減少しますのでF検定が強化されます。したがって，この例題のように原因が不明の場合には，偶然によるばらつきとみられていた通勤時間の原因がわかったために帰無仮説が棄却されるという事態になっても何ら不思議ではありません。

この例題ではルートではルート1が早く，ルート3が遅い。曜日では月曜日が早く，金曜日が遅いようです。

第22章　練習問題

【問題22-1】

次のデータは全国統一試験を受けた3つの高校から5つのクラスを任意に抜き出し，そのクラスの平均点を集めたものである。一元分散分析を用いて，この3つの高校について，全国統一試験の成績に差があるかどうかを，有意水準 0.05 で検定しなさい。

A高校	B高校	C高校
48.4	56.1	52.1
49.7	56.3	51.5
48.7	56.9	51.6
48.5	57.6	52.1
47.7	55.1	51.1

【問題 22 － 2】

次のデータはある企業の男女従業員の年間所得（単位：万円）の無作為標本である。この企業では男女の年間所得に有意な差があるかどうか有意水準 0.05 で検定したい。次の 3 つの異なる方法を用いて検定しなさい。

（ア）2 つのグループの間の差の区間推定を求めることにより判断しなさい。

（イ）2 つのグループの間に差がないとする帰無仮説を立てて仮説検定（t 検定）しなさい。

（ウ）一元分散分析を用いて検定し，（ア）（イ）と違いがあるか検討しなさい。

女　性	男　性
480	600
560	700
500	620
540	480

【問題 22 － 3】

次のデータは 3 つの異なる地方の消費生活センター A，B，C がある月にクレーム処理した食品関係のクレーム件数である。クレーム処理の件数は消費生活センターによって有意に差があるか，また月によって有意に差があるかを有意水準 0.05 で検定したい。二元分散分析を用いて検定しなさい。

	A	B	C
1 月 － 3 月	21	18	21
4 月 － 6 月	22	22	25
7 月 － 9 月	17	16	18

第23章

相関分析

考えてみよう 23－1

　次の表は統計学の履修者 12 人の中間試験と期末試験の点数である。中間試験の点が良い学生は期末試験も良いのか，それとも中間試験と期末試験の成績にはあまり関係がないのかを検討しなさい。

No	中間	期末
1	75	60
2	65	53
3	30	58
4	55	40
5	58	36
6	90	98
7	35	28
8	10	30
9	65	70
10	60	68
11	50	40
12	75	75

解答 23 − 1

ANSWER

　中間試験と期末試験の関係をみるためにまず散布図を描きました。下図がそれです。このような2つの変量（中間試験の点数 x と期末試験の点数 y）の間の関係性の程度は「相関係数」により表されます。そこで中間試験の成績と期末試験の成績の関係性を観るために Excel の「データ分析」を用います。

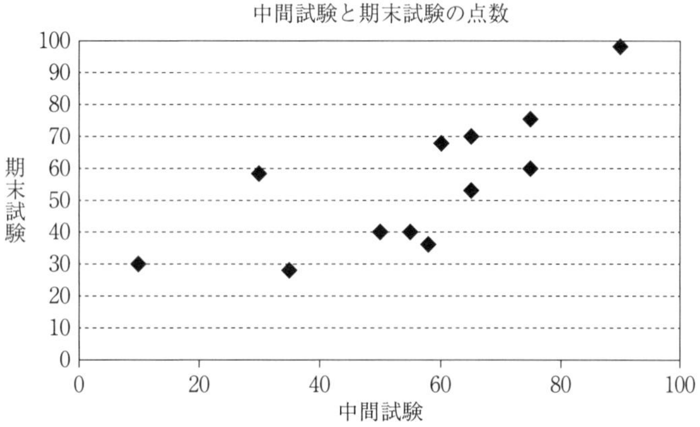

中間試験と期末試験の点数

期末試験 / 中間試験

●Excel による相関係数の求め方（その1）

① 考えてみよう 23 − 1 で与えられた表を Excel で作成します。

② Excel の「データ」「分析」→「データ分析」から「共分散」を選択します。

③ 「入力範囲」に中間試験と，期末試験のデータをタイトルも含めてすべてマウスでドラッグし，入力します。

④ 「先頭行をラベルとして使用」にチェックを入れます。

⑤ 「出力先」に出力先のセルをクリックしてセル番号を入力します。

⑥ OK をクリックすると，次のような表が得られます。

第 23 章　相関分析　◎── 227

	中　間	期　末
中　間	444.0556	
期　末	317.5556	403.7222

⑦　得られた表から「中間　期末」の値 s_{12}(317.56) を 2 乗し，「中間　中間」
の値 s_{11}^2 (444.06) と「期末　期末」の値 s_{22}^2 (403.72) で割ります。

$$r^2 = \frac{s_{12}^2}{s_{11}^2 s_{22}^2} = 0.562$$

を得ます。

⑧　これの平方根（Excel 関数 SQRT）を取り，相関係数を得ます。

$$r = 0.75$$

●Excel による相関係数の求め方（その 2）

①　Excel の「データ」「分析」→「データ分析」から「相関」を選択しま
す。

②　「入力範囲」に中間試験と，期末試験のデータをタイトルも含めてすべ
てマウスでドラッグし，入力します。

③　「先頭行をラベルとして使用」にチェックを入れます。

④　「出力先」に出力先のセルをクリックしてセル番号を入力します。
得られた結果は次のようになります。

	中　間	期　末
中　間	1	
期　末	0.749997	1

　この表の列「中間」と行「期末」のセルに表されているのが相関係数であ
り，

$$r = 0.75$$

を得ます。

　これが中間試験と期末試験の関係の程度であり，両者は無関係ではないようです。相関係数の基準表（後述）から両者の間には「やや強い相関がある」と結論してよいでしょう。つまり，中間試験の成績が良いと期末試験でも良い成績が取れそうです。

　そこで，相関があるかどうかの検定を行ってみます。帰無仮説は，母集団の相関係数の値を ρ とすれば

$$H_0: \quad \rho = 0$$

です。一方対立仮説は，この場合，中間試験と期末試験の間に相関があることを証明したいので，

$$H_1: \quad \rho \neq 0$$

とする両側検定です。このとき帰無仮説が正しければ，次の値が自由度 $\nu = n-2$ の t 分布に従うことがわかっています。

$$t_0 = \frac{r\sqrt{n-2}}{\sqrt{1-r^2}} = 3.586$$

　一方，t 分布における有意水準 $\alpha = 0.05$ の棄却域の境界の値 C_α は自由度 $\nu = 10$ の時

$$C_{0.025} = 2.23$$

です。したがって，相関係数 r は棄却域に入っていることから，中間試験と期末試験の間には相関があることが結論されます。

第 23 章　相関分析　◎―― 229

解　説　　　　　　　　　　EXPLANATION

23－1　相関と相関係数

　2 変量 x, y の間の関係を考えます。つまり，y と表記される**従属変数**（dependent variable）と x と表記される**独立変数**（independent variable）との関係です。この関係性を「**相関**（correlation）」といい，その程度を測る尺度として「**相関係数**（correlation coefficient）」が用いられます。相関係数 r は次のように定義されます。

$$r = \frac{s_{xy}}{s_x s_y} = 0.562$$

　ここで s_{xy} は**共分散**（covariance）と呼ばれ，次のように定義されます。参考までに x, y の分散（variance）s_x^2, s_y^2 も列記します。

$$s_x^2 = \frac{1}{n-1} \sum \left(X_i - \bar{X}\right)^2$$

$$s_y^2 = \frac{1}{n-1} \sum \left(Y_i - \bar{Y}\right)^2$$

$$s_{xy} = \frac{1}{n-1} \sum \left(X_i - \bar{X}\right)\left(Y_i - \bar{Y}\right)$$

　共分散 s_{xy} の定義には 2 乗がついていないので注意してください。共分散 s_{xy} は分散 s_x^2, s_y^2 と異なり負になることもあります。

　なお，Excel のデータ分析ツールの「共分散」で求めた分散，共分散の値は，標本の分散ではなく母集団についてのものであり，分母を n として求めたものですので注意が必要です。このため，「解答 23－1」では s_{11}^2 などの記号を用いて書き分けていますが，相関係数を求める場合は比ですので，分母が n であるか $n-1$ であるかに影響を受けることはなく，使用することができます。したがって，分散を基にする場合は

$$r^2 = \frac{s_{xy}^2}{s_x^2 s_y^2}$$

を計算してから $r = \pm\sqrt{r^2}$ として相関係数を求めると後述する決定係数も同時に求められます。なお符号±は，共分散の符号に合わせます。

23 – 2　相関係数の性質

相関係数は次の範囲にあります。

　$-1 \leq r \leq 1$

　変量 x が増加する時 y も増加するのであれば「正の相関」といい，x が増加するときに y が減少する場合は「負の相関」といいます。「解答 23 – 1」の図にあるようなばらつきがなく，散布図のそれぞれの点が正確に一直線上に配置される場合は $r=1$（減少なら $r=-1$）という値をとります。したがって，相関係数 r は x の増加で説明できないバラツキが y の値に含まれている場合に，その程度に応じて 1 から減少（負の相関なら -1 から増加）していく値であり，2 変量の相関の尺度として用いられることになります。

　もし，変量 x, y が独立であるならば $r=0$ となり「無相関」といわれます。注意しなければいけないのは，相関係数で表される関係は，関係の 1 つの特別なあり方，つまり直線的な関係の程度を測っているということです。もしも，二次関数的な関係があったとしても，相関係数は零に近くなり，無相関と判断される場合が往々にしてあります。例えば次のような図で与えられるデータの場合，相関係数は 0 となります。

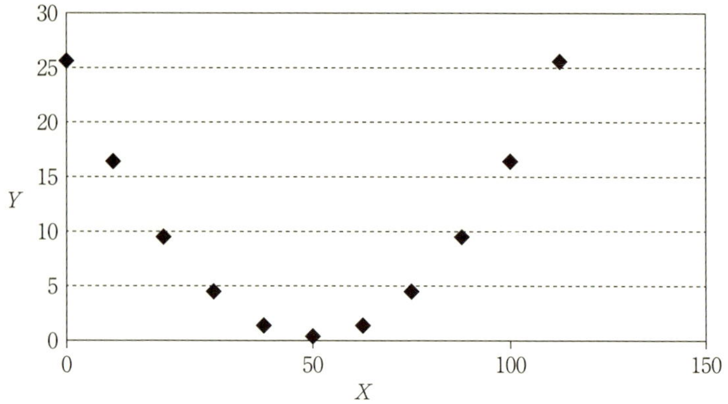

第 23 章　相関分析　◎── 231

23 − 3　相関の意味

　よく誤解されることですが，相関とは 2 つの変量の間の関係を述べているものであって，必ずしも因果関係を述べているものではありません。例えばこの「考えてみよう 23 − 1」では「中間試験の成績の良い学生は期末試験も良い傾向がある」ことを示しているのであって，中間試験の良い成績が原因で期末試験が良いと主張しているわけではありません。同じように夫と妻の年齢には正の相関があると思いますが，「夫の年齢が高ければ妻の年齢も高い傾向がある」ことは示せますが，この場合も，夫の高年齢が原因して妻が加齢するわけではありません。原因は年を経たことです。したがって，両方とも因果関係ではありません。

　これに対して，もちろん因果関係の例もあります。例えば「睡眠時間が短くなると血圧が上がる」とします。この場合は負の相関ですが，睡眠時間の長さが原因で血圧に影響しています。

　因果関係か否かは，記述を逆にしてみればわかります。逆の言い方ができないものが因果関係です。先の例では「期末試験の良い学生は中間試験も良い傾向にある」ともいえますし，「妻の年齢が高ければ，夫の年齢も高い傾向にある」ともいえます。しかし，「血圧が上がれば睡眠時間が短くなる」とは言えません。

いずれにしろ統計学で扱う相関は単に2変量の関係性を表すのみですから，因果関係であってもなくても，その両方を取り扱うものです。

23 - 4 相関係数の基準

相関係数がいくつ以上あれば関係があるといえるのかについての汎用的な基準はありません。分析者の経験から認識されている一例は次のようなものです。

$|r|$ が 0.9 以上	非常に強い相関
$|r|$ が 0.7 以上 0.9 未満	やや強い相関
$|r|$ が 0.5 以上 0.7 未満	やや弱い相関
$|r|$ が 0.5 未満	非常に弱い相関，相関なし

23 - 5 相関係数の検定

相関があるかどうかを判断するには，検定が必要です。いま，母集団における相関係数を ρ とすると，帰無仮説を次のようにとります。

H_0： $\rho = 0$

つまり，2つの変量の間に相関はないことを帰無仮説とし，これに対して対立仮説として，例えば「考えてみよう23－1」の場合は，

H_1： $\rho \neq 0$

とし，相関があるか（両側検定）を検定します。
このとき，

$$t_0 = \frac{r\sqrt{n-2}}{\sqrt{1-r^2}}$$

と定義される統計量が自由度

$$\nu = n - 2$$

のt分布に従うことがわかっています。ここでrが標本から得られた相関係数であり，nは標本の大きさです。t_0が棄却域に入っていれば帰無仮説が棄却され，対立仮説を立証したことになります。

　もちろん，扱う問題により対立仮説は左片側検定，右片側検定もあり得ます。検定は，このように無相関であるという仮説が成立するかどうかの判断ですので，母集団の相関係数に関して定量的な結論を得るまでには至りません。そこで，もしも検定で相関があることが立証された場合には，さらに母集団相関係数の区間推定をするのが良いでしょう。区間推定では，次の量を定義します。

$$z = \frac{1}{2} \log\left(\frac{1+r}{1-r}\right)$$

　この統計量zは母集団における相関係数ρで表されるζ

$$\zeta = \frac{1}{2} \log\left(\frac{1+\rho}{1-\rho}\right)$$

を平均とする正規分布

$$N\left(\zeta, \frac{1}{n-3}\right)$$

に従うことがわかっていますので，これより求めることができます。

234 ──◯

第 23 章　練習問題

【問題 23 − 1】

7 人の学生から 1 日の睡眠時間 X と勉学時間 Y について次に示すようなデータが得られた。

学　生	睡眠時間 X （時間）	勉学時間 Y （時間）
A	6	2
B	5.5	4
C	5.7	4.5
D	7.5	2
E	7.3	1
F	6.2	3
G	6.3	3.5

(1) 散布図を描け。
(2) X の分散 s_x^2, Y の分散 s_y^2 および共分散 s_{xy} を求めなさい。
(3) 相関係数 r を求めなさい。
(4) X と Y の相関について有意水準 0.05 で検定しなさい。

【問題 23 − 2】

次の 5 つの世帯からなる無作為標本について年間所得と個人貯蓄が次のようなものであったとする。このとき前の問題 23 − 1 の (1) から (4) を求めなさい。

世　帯	所得 X （万円）	貯蓄 Y （万円）
A	800	600
B	1100	1200
C	900	1000
D	600	700
E	600	300

第 **24** 章
回帰分析
∙∙∙

考えてみよう 24 − 1
　「考えてみよう 23 − 1」で中間試験と期末試験の間に
正の相関があることがわかりました。そこで期末試験の
点数が無く，中間試験の点数しかわからない学生の期末
試験のテストの点を予測しようと思います。この場合の
予測式を求めなさい。

考えてみよう 24 − 2
　「考えてみよう 24 − 1」で求めた回帰式は統計学の
100 人を超す授業履修者の中から無作為に選んだ 12 人
の成績に基づいて求めた式です。するとこのような傾
向は果たして全体に適用できるものかどうかわかりませ
ん。そこで，この直線回帰の結果が母集団をどれほど表
しているものであるのかを検定しなさい。また，β の信
頼係数 0.95 における区間推定を行いなさい。

解答 24 − 1

ANSWER

2変量の間の関係式を求めるために回帰分析を行います。予測する式は直線として次のように与えられます。

$$Y = a + bX$$

定数項 a と直線の傾き b を求めるために平均値，分散，共分散が必要ですので Excel の「データ分析」を用います。「データ分析」の「基本統計量」から

$$\bar{X} = 55.67, \quad \bar{Y} = 54.67$$

を得ます。また「解答 23 − 1」ですでに求めた「データ分析」の「共分散」から傾き b を求めることができます。

$$b = \frac{s_{12}}{s_{11}^2} = \frac{317.56}{444.06} = 0.715$$

となります。これとそれぞれの平均値から定数項が求められ，

$$a = \bar{Y} - b\bar{X} = 54.67 - 0.715 \times 55.67 = 14.86$$

となります。したがって，中間試験の点数 X から期末試験の点数 Y を予測するには，

$$Y = 14.86 + 0.715X$$

を用いればよいことになります。

第 24 章　回帰分析　◎── 237

解　　説　　EXPLANATION

24 − 1　回帰分析

　2 変量 X, Y が "どの程度" 関係しているかを示すのが「相関」でしたが, "どのように" 関係しているかを式として表すものが「**回帰** (regression)」です。この例題のような 2 変量の場合を特に**単回帰**といい, 従属変数 Y に関わる独立変数が 2 つ以上の場合を「**重回帰** (multiple regression)」といいます。なお, 回帰分析では特に従属変数 Y のことを「**目的変数**」, 独立変数 X のことを「**説明変数**」ともいいます。

　この目的変数, 説明変数の関係を表す式には次のようないろいろな形が考えられるでしょうが, 直線の式で表そうとするものを「**直線回帰** (linear regression)」といいます。

$$Y = a + bX \, ; \qquad Y = a + bX + cX^2$$
$$Y = a \cdot b^X \, ; \qquad Y = a \cdot X^b$$

●Excel による直線の当てはめ法

「解答 23 − 1」の散布図に Excel を用いて直線を当てはめてみます。

① 　散布図をクリックします。

② 　「グラフツール」「レイアウト」「分析」から「近似曲線」をクリックします。

③ 　「線形近似曲線」をクリックすると散布図に直線が描かれます。

④ 　「その他の近似曲線オプション」をクリックし,「グラフに数式を表示する」にチェックを入れ「閉じる」。

　一般に直線の式は,

$$Y = a + bX$$

238 ──◎

と表されます。定数項を a とし直線の傾きを b と表します。

　得られた結果は図1のようになります。表示された数式は，定数項と説明変数 X の1次項の順番が異なりますが，「解答 24 − 1」で得られたものと同じです。

　なお，「その他の近似曲線オプション」の一番下にある「グラフに R-2 乗値を表示する」にチェックを入れた場合は後述する決定係数が表示されます。

図1　中間試験と期末試験の直線回帰分析

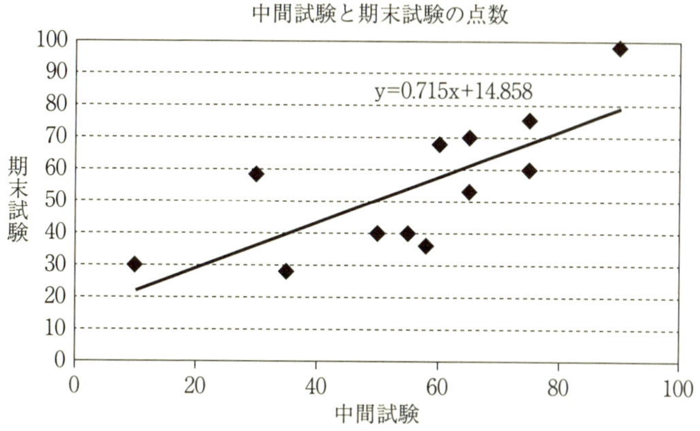

中間試験と期末試験の点数

y=0.715x+14.858

期末試験

中間試験

24 − 2　直線当てはめの基準

　図1のように直線を決めた時に，直線上の点 $\hat{Y}_i$ は説明変数（この例では中間試験の点）X_i に対する目的変数（期末試験の点）Y_i とは異なります。この時直線上の点は

$$\hat{Y}_i = a + bX_i$$

で与えられます。したがって観測値 Y_i との間に差 $Y_i - \hat{Y}_i$ があり，これを「**残差**（residuals）」といいます。差には正負がありますのでこれを平方して符号の影響をなくし，加え合わせた量を「**残差平方和**」S_e^2 といいます。

$$S_e^2 = \sum \left(Y_i - \hat{Y}_i \right)^2$$

　標本の観測値に一番良く当てはまっている直線とはこの残差平方和を最小にするものです。

24－3　最小二乗法

　残差平方和を最小にするには，定数項aと傾きbを変化させてみて，残差平方和が極小になるようにすれば良いわけです。これを求めるには係数a, bについて連立偏微分方程式をつくり，極小を与える解a, bを求めることになります。このような方法を「**最小二乗法** (method of least squares)」と呼びます。計算過程は章末に示しますが，最終的に得られる解は，次の式で与えられます。

$$b = \frac{s_{xy}}{s_x^2}$$
$$a = \bar{Y} - b\bar{X}$$

　傾きbのことを「**回帰係数** (regression coefficient)」ともいいます。得られた直線は「**回帰直線** (regression line)」と呼び，通常は

$$Y = a + bX$$

と与えられますが，上の最小二乗法で得られたaの解を代入して変形すると

$$Y = \bar{Y} + b(X - \bar{X})$$

とも書けます。これは$X = \bar{X}$のとき，$Y = \bar{Y}$となること，つまり回帰直線は，どのようなa, bであっても点$(\bar{X}, \bar{Y})$を通ることを意味しています。

24－4　決定係数

　回帰直線が決定された場合に，その直線がどの程度目的変数Yを説明しているのかを示す尺度として「**決定係数** (coefficient of determination)」r^2が用いられます。

まず，Yの平均値$\bar{Y}$からの差を表す全変動の尺度として「**総平方和**」を次のように書きます。

$$S_T = \sum \left(Y_i - \bar{Y} \right)^2$$

これを用いて，決定係数を次のように定義します。

$$r^2 = 1 - \frac{S_e}{S_T} = \frac{\sum \left(\hat{Y}_i - \bar{Y} \right)^2}{\sum \left(Y_i - \bar{Y} \right)^2}$$

分子は回帰直線で与えられる値$\hat{Y}_i$の平均値$\bar{Y}$からの変動部分です。回帰直線は，変数Xが変化した場合の目的変数の変動$\hat{Y}$を説明していると解釈すると，決定係数は，平均値$\bar{Y}$を基準にして次のような意味をもっています。

$$r^2 = \frac{Y の説明される変動}{Y の総変動}$$

すべてのY_iが直線上に存在する場合が$r^2=1$の場合です。すなわち，総変動がすべて説明される変動である場合を示します。観測値が直線上から外れて存在していると，その残差の程度に従って分母は大きくなり，決定係数r^2は小さくなっていきます。

なお，決定係数は分散，共分散で表すと

$$r^2 = \frac{s_{xy}^2}{s_x^2 s_y^2}$$

と表されます。つまり相関係数rとは

$$r = \pm \sqrt{r^2}$$

の関係になっています。相関係数の符号は回帰係数bの符号と同じです。「考えてみよう24－1」の場合は，決定係数は「解答23－1」で相関係数を求める解法中にあるように0.562になります。

第24章　回帰分析　◎── 241

24 − 5　内挿予測と外挿予測

新たな説明変数 $X = X_0$ に対する予測値 $\hat{Y} = \hat{Y}_0$ は，回帰直線を用いて

$$\hat{Y}_0 = a + bX_0$$

と与えられますが，このとき X_0 がこの直線を求めた X の範囲内である場合を**「内挿予測」**といいます。これに対して，範囲外の X_0 をこの式に適用して $\hat{Y}_0$ を予測する場合を**「外挿予測」**といいます。「考えてみよう24 − 1」の場合には中間試験が10点から90点の間で回帰分析していますので，この間の中間試験の点数を X_0 として予測した場合が内挿予測になります。

　外挿予測の場合には，ある程度の危険性が伴います。範囲外で遠く離れた値を適用する場合，果たしてどこまで回帰直線が成立しているかは保証できません。したがって外挿で予測する場合は範囲の近傍にとどめておくことが必要です。

📖 さらに勉強したい人のための参考資料

●最小二乗法による，回帰係数 *a*, *b* の導出について

残差平方和に回帰式を代入すると

$$S_e^2 = \sum \left(Y_i - \hat{Y}_i \right)^2 = \sum \left\{ Y_i - (a + bX_i) \right\}^2$$

となります。ここで，係数 a, b について次の偏微分を施し，残差平方和が極小になる点を求めます。

$$\frac{\partial S_e^2}{\partial a} = -2 \sum \left\{ Y_i - (a + bX_i) \right\} = 0$$

$$\frac{\partial S_e^2}{\partial b} = -2 \sum \left\{ Y_i - (a + bX_i) \right\} X_i = 0$$

　いま，a, b を変数と考えれば，上の方程式は次のような2元連立1次方程式となります。

$$na + \sum X_i b = \sum Y_i$$

$$\sum X_i a + \sum X_i^2 b = \sum X_i Y_i$$

この方程式を「正規方程式」と呼びます。第1式から

$$a = \frac{1}{n}\sum Y_i - b\frac{1}{n}\sum X_i = \bar{Y} - b\bar{X}$$

を得ます。これを第2式に代入し，bでまとめると

$$\left(\sum X_i^2 - \bar{X}\sum X_i\right)b = \sum X_i Y_i - \bar{Y}\sum X_i$$

となります。左辺 b の係数は，

$$\left(\sum X_i^2 - \bar{X}\sum X_i\right) = \sum X_i^2 - 2\bar{X}\sum X_i + \bar{X}\sum X_i$$

ですが，第3項は，

$$\bar{X}\sum X_i = n\bar{X}^2 = \sum \bar{X}^2$$

となり，結局左辺の b の係数は，

$$\left(\sum X_i^2 - \bar{X}\sum X_i\right) = \sum \left(X_i - \bar{X}\right)^2$$

となります。また右辺は

$$\sum X_i Y_i - \bar{Y}\sum X_i = \sum X_i Y_i - \bar{Y}\sum X_i - \bar{X}\sum Y_i + \bar{X}\sum Y_i$$

$$= \sum \left(X_i - \bar{X}\right)\left(Y_i - \bar{Y}\right)$$

となります。すなわち，分散・共分散で表記すれば

$$s_x^2 b = s_{xy}$$

であり，

第 24 章　回帰分析　◎—— 243

$$b = \frac{s_{xy}}{s_x^2}$$

を得ます。

解答 24 − 2　　　　　　　　　　　　　　ANSWER

　この検定の場合は，帰無仮説 H_0 を「中間試験の成績と期末試験の成績は，実は無関係である」とします。すなわち，回帰直線の傾きの母集団における値 β について

　　　H_0 : $\beta = 0$

と仮定します。これに対して対立仮説 H_1 は

　　　H_1 : $\beta \neq 0$

すなわち，両者は無関係でないとし，帰無仮説が棄却できるかどうかを検定します。

　Excel で回帰分析の検定を行う場合は，「データ分析」ツールを用いて行います。

●Excel の回帰分析の方法

① 「データ」「分析」→「データ分析」から「回帰分析」を選択します。
② 「入力 Y 範囲」に期末試験のデータをマウスでドラッグして入力します。
③ 「入力 X 範囲」に中間試験のデータを入力します。
④ 「有意水準」にチェックを入れ，99%とします。
⑤ 「一覧の出力先」に結果を表示する初めのセルを入力します。

244 ——◎

　この例では次のような結果を得ました。最初の表は回帰の概要です。ここに
は「解答22 − 1」で求めた相関係数 r，決定係数 r^2 などがそれぞれ「重相関」
「重決定」として表示されています。

概　要

回帰統計	
重相関 R	0.749997
重決定 R2	0.562496
補正 R2	0.518746
標準誤差	14.55871
観測数	12

　また，次の表は回帰に応用された分散分析表です。この表にある分散比は第
22章にあるように F 分布に従います。

分散分析表

	自由度	変動	分散	観測された分散比	有意 F
回帰	1	2725.106	2725.106	12.85694	0.004965
残差	10	2119.561	211.9561		
合計	11	4844.667			

　分散比を F とすると，その意味するところは，

$$F = \frac{\text{回帰により説明される変動／自由度 }(k)}{\text{残差の変動／自由度 }(n-k-1)} = \frac{\text{回帰分散}}{\text{残差分散}}$$

です。この例では分散比 F が大きく 12.86 であり，つまり回帰分散の方が残差
分散より約13倍も大きいことがわかります。また，確率（有意F）は 0.005 と
十分に小さく，有意水準 0.05 より 1/10 も小さい値です。有意水準を 0.01 とし
ても小さい値です。これは帰無仮説が正しいとすると，このような結果が出る

確率は 0.005 という 200 回に 1 回起こるような非常にまれなことであることを示しています。つまり，有意水準 0.05 としても，また 0.01 としても，この帰無仮説のもとでは，棄却域に入っています。すなわち，この回帰直線の結果は有意です。したがって，帰無仮説を棄却すると結論できます。

また，次の表は回帰直線の定数項 a と回帰係数 b の信頼係数 95％と 99％の推定区間を表しています。ここでは定数項，回帰係数がそれぞれ切片，X 値 1 として表示されています。当然ですがこれらは「解答 22 - 2」で求めた結果と一致しています。

	係　数	標準誤差	t	P-値	下限 95％	上限 95％	下限 99％	上限 99％
切片	14.858	11.87105	1.251617	0.239195	- 11.5923	41.30834	- 22.7646	52.48059
X 値 1	0.715126	0.199441	3.585657	0.004965	0.270744	1.159507	0.083044	1.347208

母集団の回帰係数 β とすると，β は信頼係数 0.95 のとき

$$0.27 < \beta < 1.16$$

の区間にあり，信頼係数 0.99 のとき

$$0.08 < \beta < 1.35$$

の区間にあります。したがって回帰直線の傾きは信頼区間に零を含むことはなくプラスの符号であることから中間試験の成績が良ければ期末試験の成績も良いことがいえ，その傾きの範囲が推定されたことになります。また母集団の定数項 α とすると，α は信頼係数 0.95 では

$$-11.6 < \alpha < 41.3$$

の区間にあり，信頼係数 0.99 では

$$-22.8 < \alpha < 52.5$$

の区間にあります。定数項は中間試験の比例部分と別に，つけ加える点数（い

わゆるゲタをはかせる部分）であり母集団では，正とは限らず負となるかもしれないことがわかります。つまり，回帰式における定数項だけを取り出して，このような検定の作業で議論することは意味がありません。

解　説　EXPLANATION

24 − 6　回帰直線の仮説検定

母集団における直線回帰モデルは，次の1次式で表されます。

$$y_i = \alpha + \beta x_i + \varepsilon_i$$

上の単回帰モデルでは，直線で表されるランダムでない部分と，純粋にランダムな誤差項から成り立っています。最後の項の ε_i は直線からのはずれである誤差を表す確率変数です。この ε_i は，次のような正規分布に従っていると仮定されます。

$$E(\varepsilon_i) = 0, \qquad V(\varepsilon_i) = \sigma^2$$

つまり，前節である標本から求めた単回帰式

$$Y = a + bX$$

のそれぞれの係数 a，b は，母集団回帰モデルの係数 α，β の推定値です。

ここでは，上の母集団直線回帰モデルの係数 α，β を検定します。仮説検定では帰無仮説 H_0 は，相関係数の検定と同様で，「解答 24 − 2」にあるように，母集団における2つの変量 x, y が独立であることを仮定します。すなわち

$$H_0 : \beta = 0$$

です。これに対して対立仮説は2つの間には関係があるとします。

$$H_1 : \beta \neq 0$$

第24章　回帰分析　◎── 247

検定では，分散分析を用いて分散比 F を作成します。

$$F = \frac{\sum \left(\hat{Y}_i - \bar{Y} \right)^2}{\frac{1}{n-2} \sum \left(Y_i - \hat{Y}_i \right)^2} = \frac{回帰分散}{残差分散}$$

分散比の意味は上の式に示すとおりです。分子の自由度は1であり，分母「残差」の自由度は $n-2$ です。有意水準 0.05 または 0.01 として F 比の確率がこれよりも小さければ F 比は棄却域に入っているので帰無仮説を棄却し対立仮説を採択します。

24 － 7　回帰直線の区間推定

▽回帰係数の区間推定

標本から得られた回帰係数を b とし母集団の回帰係数を β とします。残差 $Y_i - \hat{Y}_i$ は1つ1つ独立で正規分布 $N(0, \sigma^2)$ に従うと仮定します。すると係数 b は正規分布

$$N \left(\beta, \frac{\sigma^2}{(n-1)s_x^2} \right)$$

に従います。ここで母集団 Y の分散つまり分散 σ^2 は未知ですから，標本から推定します。推定量は 24 － 2 節で説明した残差平方和 S_e^2 と自由度から次の式で与えられます。

$$s^2 = \frac{S_e^2}{n-2}$$

σ^2 をこの s^2 に置き換えた場合は，残差は正規分布でなく自由度 $v = n-2$ の t 分布に従います。したがって信頼係数 $1 - \alpha$ の信頼区間は

$$b - t_{\alpha/2} \frac{s}{\sqrt{n-1} s_x} < \beta < b + t_{\alpha/2} \frac{s}{\sqrt{n-1} s_x}$$

で与えられます。

　この区間推定と前述の仮説検定には密接な関係性があります。区間推定の結論は検定問題に適用することができ，もし，この β の推定区間に零を含んでいなければ，$\beta = 0$ の帰無仮説を棄却して，対立仮説を採択するという結論を導くことができます。したがって，「考えてみよう 24 − 1」のように検定を行う必要が生じた場合に，仮説検定をしないで，このような区間推定を行う方が，結論は同じですが得られる情報量は多いといえます。

▽定数項の区間推定

　定数項 α についても回帰係数の考え方と同様です。詳しい解説は省きますが違いは t 分布の分散を与える部分のみです。母集団の定数項 α とした時

$$
a - t_{\alpha/2} s \sqrt{\frac{1}{n} + \frac{\bar{X}^2}{(n-1)s_x^2}} < \alpha < a + t_{\alpha/2} s \sqrt{\frac{1}{n} + \frac{\bar{X}^2}{(n-1)s_x^2}}
$$

と与えられます。

　実用上は，ここに示した区間推定の式を直接扱うのでなく，「解答 24 − 2」に示したように Excel の分析ツールを用いて検定，区間推定を行うことになります。

第24章　回帰分析　◎── 249

第24章　練習問題

【問題 24 − 1】

第23章の練習問題23 − 1で得た標本について
(1) 勉学時間 Y の睡眠時間 X に対する回帰直線の定数項 a と傾き b を求めなさい。
(2) 決定係数 r^2 を求めなさい。
(3) 散布図上に回帰直線を図示しなさい。
(4) 回帰直線の係数 a, b についての検定と，母集団の回帰係数 α，β について区間推定をしなさい。検定は有意水準 0.05 と 0.01 の両方で，区間推定は信頼係数 0.95 と 0.99 で行いなさい。

【問題 24 − 2】

第23章の練習問題23 − 2で得た標本について，
(1) 貯蓄 Y の所得 X に対する回帰直線の定数項 a と傾き b を求めなさい。
(2) 決定係数 r^2 を求めなさい。
(3) 散布図上に回帰直線を図示しなさい。
(4) 回帰直線の係数 a, b についての検定と，母集団の回帰係数 α，β について区間推定をしなさい。検定は有意水準 0.05 と 0.01 の両方で，区間推定は信頼係数 0.95 と 0.99 で行いなさい。

第25章

相関分析，回帰分析の現代ファイナンス理論への応用

考えてみよう25－1
　王子製紙㈱とソフトバンク㈱を例にとり，それぞれの銘柄のリターンについて日経平均株価に対する回帰分析モデル（シングルインデックス・モデル）を作りなさい。

解答 25 − 1

ANSWER

　まず Yahoo! ファイナンス http://finance.yahoo.co.jp/ から 2006 年 8 月より 2011 年 8 月までの 60 カ月にわたる日経平均株価の月次株価データをダウンロードしました。同様にして王子製紙㈱とソフトバンク㈱の株価データもダウンロードしました。この期間は，2008 年 9 月にリーマンブラザーズの破綻による世界的金融危機があり，2011 年 3 月には東日本大震災があった時期です。

　第 8 章の記述にそって，日経平均株価のリターンと王子製紙㈱とソフトバンク㈱の 2 銘柄の 60 カ月の月次リターンを求め，それより期待リターンとリスクを算出しました。結果は表 1 のようになりました。王子製紙㈱の株価はリターン，リスクともほぼ日経平均株価と同程度ですが，ソフトバンク㈱は明らかにハイリスク・ハイリターン株であることがわかります。

表 1　王子製紙㈱とソフトバンク㈱と日経平均株価のリターンとリスク

	期待リターン（%）	リスク（%）
日経平均株価	− 0.74	6.36
王子製紙㈱	− 0.62	7.94
ソフトバンク㈱	1.25	12.47

　次にそれぞれの企業銘柄が日経平均株価の変動とどのように関係しているかを見るために，リターンについて時系列の図を描いてみました。図 1-1，図 1-2 がそれです。

　図 1-1 を見ると王子製紙㈱のリターンと日経平均株価のリターンは良く連動しているように見受けられます。2008 年の秋に大きな変動がありますが，これはリーマンブラザーズの破綻に端を発した世界的金融危機の影響とみられます。

図1-1　王子製紙㈱と日経平均株価のリターンの変動

日経平均株価　　王子製紙

リターン（％）

30
20
10
0
−10
−20
−30
−40

2006年8月　2006年11月　2007年2月　2007年5月　2007年8月　2007年11月　2008年2月　2008年5月　2008年8月　2008年11月　2009年2月　2009年5月　2009年8月　2009年11月　2010年2月　2010年5月　2010年8月　2010年11月　2011年2月　2011年5月

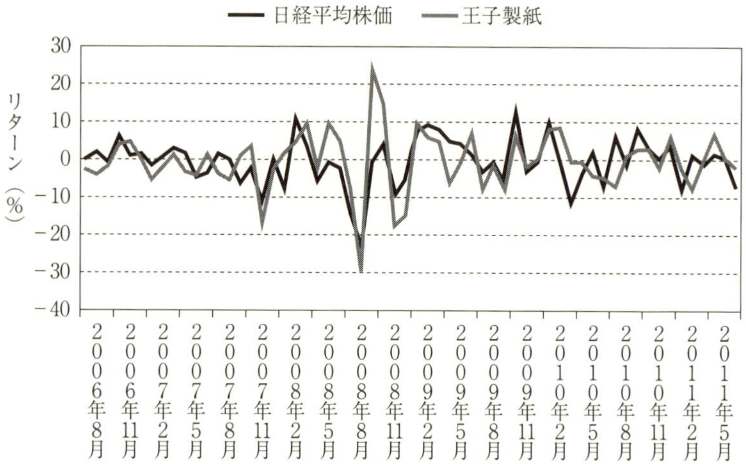

図1-2　ソフトバンク㈱と日経平均株価のリターンの変動

日経平均株価　　ソフトバンク

リターン（％）

50
40
30
20
10
0
−10
−20
−30
−40

2006年8月　2006年11月　2007年2月　2007年5月　2007年8月　2007年11月　2008年2月　2008年5月　2008年8月　2008年11月　2009年2月　2009年5月　2009年8月　2009年11月　2010年2月　2010年5月　2010年8月　2010年11月　2011年2月　2011年5月

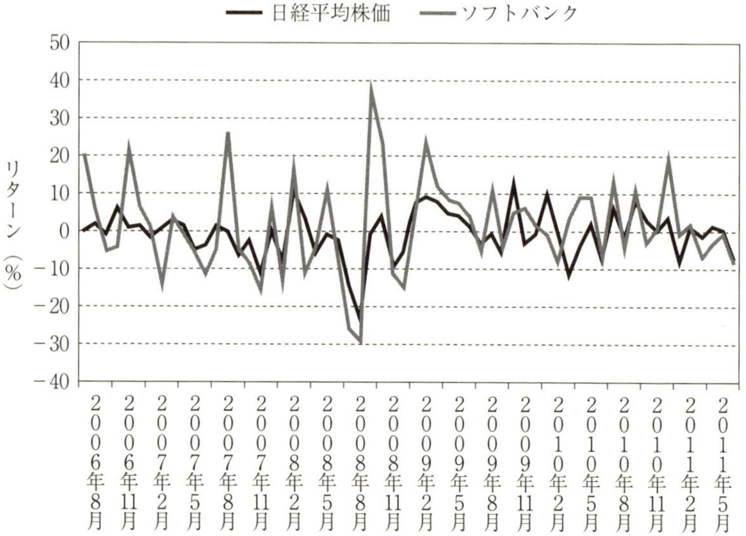

254 ——◎

　図1-2のソフトバンク㈱のリターンも日経平均株価のリターン変動と連動しているようですが，ソフトバンク㈱の変動は非常に激しくハイリスクであることがわかります。

1．相関分析

　次に，それぞれの銘柄のリターンと日経平均株価のリターンとの相関を散布図で描き，値を求めてみました。結果は図2-1，図2-2および表2のようにな

図 2-1　王子製紙㈱のリターンと日経平均株価のリターンとの相関

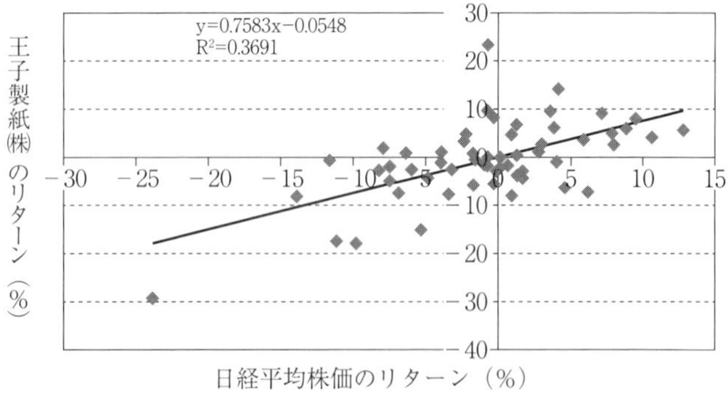

図 2-2　ソフトバンク㈱のリターンと日経平均株価のリターンとの相関

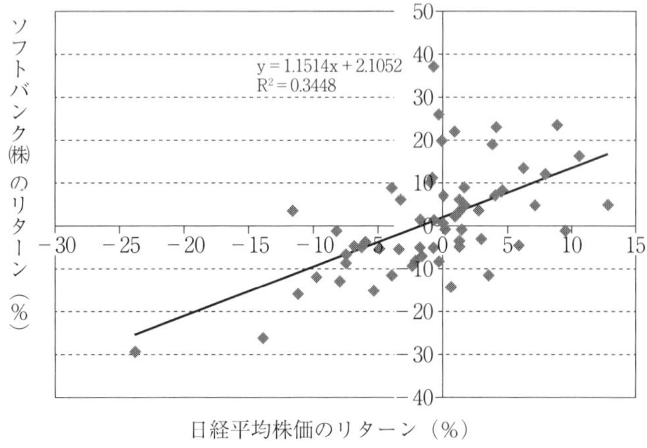

第25章　相関分析，回帰分析の現代ファイナンス理論への応用　◎—— 255

表2　各銘柄のリターンと日経平均株価のリターンとの相関係数

	相関係数 r
王子製紙㈱	0.608
ソフトバンク㈱	0.587

り，相関係数は2銘柄とも0.6前後の値を示しています。ソフトバンクよりも王子製紙の方が日経平均株価との相関は高いようです。2銘柄とも第23章の相関分析で示した基準によれば「やや弱い相関」になります。この相関について検定を行うと，その t 値は，例えば王子製紙の場合には，

$$t = \frac{r\sqrt{n-2}}{\sqrt{1-r^2}} = 5.82$$

であり，P- 値は 2.65×10^{-7} と小さく，無相関とした帰無仮説を棄却できます。つまり，確かに日経平均株価のリターンとの間に相関があることが認められます。ソフトバンクの場合も同様です。

2．回帰分析

さらに回帰直線をあてはめてみました。結果を図2-1, 2-2に示します。回帰直線の式は，王子製紙㈱の場合には

$$Y = -0.0548 + 0.7583X$$

となり，ソフトバンク㈱の場合には

$$Y = 2.1052 + 1.1515X$$

となっています。これによって日経平均株価のリターン X からそれぞれの銘柄のリターン Y が従う回帰分析モデル（ファイナンス理論では「シングルインデックス・モデル」と呼ぶ）が得られたことになります。それぞれの回帰直線の決定係数は，$r^2 = 0.369$，および 0.344 とあまり高い値ではありません。

このモデルで，最も注目すべきは直線の傾き b の値であり，これは各銘柄が市場の動き（ここでは日経平均株価の動き）にどの程度敏感に追随しているかを表す指標で，現代ポートフォリオ理論である，**CAPM**（Capital Asset Pricing Model, 資本資産評価モデル）の中核をなす指標です。

直線の傾き b を見てみます。王子製紙㈱の場合には日経平均株価のリターンが 1.0％上がるとそれに連動して 0.76％程度上がる，ソフトバンク㈱の場合には 1.15％程度上がるという意味です。つまり，王子製紙㈱の株価は傾き b が 1.0 以下ですのでマーケットの変動よりも小さく動き，ソフトバンク㈱の株価は 1.0 以上であるのでマーケット以上に動く傾向にあるといえます。

定数項 a は，日経平均株価のリターンが動かない場合にも収益機会が存在していると解釈でき，王子製紙㈱の場合はそれが -0.05 であるのに対して，ソフトバンク㈱の場合は，2.11 のプラスになっています。

3．α，β の区間推定

しかし以上の結論は 60 カ月の月次株価データを標本とするリターンから得たものであり，これが母集団の値をどの程度表しているのか，区間推定が必要です。

直線回帰モデルは第 24 章で述べたように次の回帰式で表されます。

$$y_i = \alpha + \beta x_i + \varepsilon_i$$

ここで y_i は対象銘柄のリターンを表し，x_i が株式指標（インデックス）のリターンです。x_i にかかる係数 β が市場の動きに対する対象銘柄の感応度を表しています。日経平均株価が示す市場全体の動きに対して，個別の銘柄は，それに敏感に反応するものもあれば，それほど連動しないものもあり，この直線の式の係数 β は銘柄に固有のものです。

定数項の α は，株式指標に依存しないリターンの期待値と解釈できます。また，第 3 項の ε_i は，日経平均株価の変動とは無関係な銘柄固有のリターンであり，

第25章 相関分析，回帰分析の現代ファイナンス理論への応用 ◎── 257

$$E(\varepsilon_i) = 0$$

の正規分布をしていると仮定されます。

証券 i のリスクの2乗 σ_i^2 と，株式指標変動の関係は次のように表されます。

$$\sigma_i^2 = \beta^2 \sigma_{mm}^2 + \sigma_\varepsilon^2$$

この式は，証券のリスクは2つの要因に分解できることを示しています。第1項は，市場の変動を表す「システマティック・リスク」（「市場リスク」ともいう）の部分であり，回帰式の第2項の βx_i の部分です。また，マーケットに依存しない銘柄固有のリスク要因が「アンシステマティック・リスク」（「非システマティック・エラー」,「非市場リスク」ともいう）と呼ばれる右辺第2項であり，残差リターンである ε_i が，この部分ということになります。分散投資を行うポートフォリオによりこの非市場リスクは，相殺してなくすことができますが，市場リスクはなくすことはできません。CAPMの理論では，ポートフォリオの形成により β に比例して期待リターンも増加することが「証券市場線」で示されます。

王子製紙㈱の場合には信頼係数95％の場合に，母集団の勾配 β は，次の区間にあることが推定されました。

$$0.497667 \leq \beta \leq 1.0188346$$

また，ソフトバンク㈱の β は次の推定区間となりました。

$$0.734244 \leq \beta \leq 1.56852822$$

したがって，王子製紙㈱の場合には，母集団の勾配 β が1.0を超すことも可能性としては存在しますが，ほぼ1.0未満であるのに対し，ソフトバンク㈱の β は最高で1.57と大きく，つまりリスクが高く，その分，期待リターンも高いことが予想されます。

次に，母集団の定数項 α とすると，王子製紙㈱の場合 α は信頼係数0.95では

$-1.71 < \alpha < 1.60$

の区間にあり，信頼係数 0.99 では

$-2.26 < \alpha < 2.15$

の区間にあります。定数項は日経平均株価のリターンが零の時にでも王子製紙
㈱のリターンがもつ値と解釈できますが，推定区間に零をはさんでいるのでプ
ラスであるかマイナスであるかも判断できず，2銘柄とも P- 値は 0.05 より大
きく有意ではありません。したがって，統計学的にも確定した結論を述べるこ
とができません。

第 25 章　練習問題

【問題 25 － 1】

(1) Yahoo! ファイナンスから数銘柄を選び，日経平均株価との相関分析，回帰分析，回帰
係数の区間推定を行い，銘柄の特徴（ハイリスク・ハイリターン，ローリスク・ロー
リターンなど）を検討しなさい。

参考文献

本書を記述するに際して全般的に参考にしたものは以下の文献です。

1. T.H. ウォナコット，R.J. ウォナコット著，国府田恒夫・田中一盛・細谷雄三　訳『統計学序説』培風館，1993 年。

2. 篠崎信雄『統計解析入門』サイエンス社，1997 年。

3. アミール D. アクゼル，ジャヤベル・ソウンデルパンディアン著，鈴木一功　監訳，手嶋宣之・原郁・原田喜美枝　訳『ビジネス統計学，上』ダイヤモンド社，2013 年。

また，本文中で取り上げた話題のうち

4. Excel による箱ひげ図の描画方法については，
社会情報サービス統計調査研究室『統計 WEB』，http://software.ssri.co.jp/statweb2/ の統計 Tips を参考にした。

5. 現代ファイナンス理論については，メアリー・ジャクソン，マイク・ストーントン著，近藤正拡　監修，西麻布俊介・山下恵美子　訳『Excel と VBA で学ぶ　先端ファイナンスの世界』パンローリング，2008 年を参考にした。

索　引

A – Z

P-値 190
t 検定 198
t 分布 167

ア

アンシステマティック・リスク 257
一元（一因子）分散分析 218

カ

回帰 237
──係数 239
──直線 239
階級 23
──下限 23
──間隔 24
──限界 23
──上限 23
──値 23
──度数 25
──別データ 23
χ^2 検定 208
χ^2 分布 207
外挿予測 241
確率 88
──関数 91
──分布 90
──変数 90

──棒グラフ 91
──密度関数 93
仮説検定 188
観測値 23
幾何平均 42
棄却域 189
記述統計学 3
規準化 120
期待収益率 82
期待値 95
期待リターン 82
帰無仮説 189
逆関数 129
客観確率 90
共分散 229
区間推定 160
経験的確率 89
決定係数 239
誤差 153
五分位数 68
込みにした分散 178

サ

最小二乗法 239
最頻値 43, 48, 49
残差 238
──平方和 238
算術平均値 41
事象 88

システマティック・リスク……257	
四分位数……66	
四分位範囲……68	
四分位偏差……68	
資本資産評価モデル……256	
重回帰……237	
従属変数……229	
自由度……168	
十分位数……68	
周辺（確率）分布……211	
主観確率……90	
小標本……170	
シングルインデックス・モデル……255	
人口ピラミッド……53	
信頼区間……161	
信頼係数……162	
信頼限界……162	
信頼水準……162	
信頼度……162	
推測統計学……3	
推定……152	
正規分布……118	
絶対参照……12	
説明変数……237	
0－1変数……146	
先験的確率……89	
尖度……73	
相加平均値……41	
相関……229	
———係数……229	
相乗平均……42	
相対参照……3	
相対度数……25	
総平方和……240	

タ

第1種の誤り……191
大数の法則……141
第2種の誤り……191
大標本……170
対立仮説……189
ダミー変数……146
単回帰……237
中央値……43, 45, 49
柱状図……26
中心極限定理……144
超幾何分布……110
調和平均……42
直線回帰……237
適合度……207
データ……23
———セット……34
点推定……152
統計量……140
同時（確率）分布……212
独立性検定……212
独立変数……229
度数……25
———分布表……26

ナ

内挿予測……241
生データ……23
二元（二因子）分散分析……223
二項分布……101

ハ

箱ひげ図……69
パーセンタイル……68

索　引　◎── 263

パラメータ	140	ポアソン分布	112
ヒストグラム	26	母集団	34
非復元抽出	110	──平均	41
標準化	120	母平均	41
標準正規分布	119		
標準正規変数	120		

マ

標準偏差	57, 93	右片側検定	194
標本	34	無作為抽出	35
──抽出	34	目的変数	237
──の大きさ	35		

ヤ

──範囲	66	有意水準	188
──標準偏差	59, 65		

ラ

──比率	148	離散型変数	24
──分散	58, 65	離散分布	91
──分布	140	リターン	81
──平均	41	両側検定	194
復元抽出	111	理論的確率	89
不偏推定量	153	累積度数	25
分割表	211	連続型変数	24
分散	57, 93	連続修正	131
──比	220	連続分布	92

ワ

──分析	217	歪度	73
分布	26		
平均値	41, 44, 49, 93		
ベルヌーイ（Bernoulli）試行列	101		
変数	23		

《著者紹介》

山中　馨（やまなか・かおる）

創価大学経営学部教授。

名古屋大学大学院博士後期課程修了，理学博士。

主な著書『Maruzen 物理学大辞典』（共著）丸善，1989 年。

『Mathematica でわかる基礎数学』モイス研究所，1997 年。

天谷　永（あまがい・ひさし）

創価大学経営学部教授。

ハワイ大学大学院博士後期課程修了，Ph.D.（経済学）。

主な著書『The Optimal Mix of Electricity Generating Sources in Japan』
Energy Program, East-West Center, 1989.

望月雅光（もちづき・まさみつ）

創価大学経営学部教授。

九州工業大学大学院博士後期課程修了，博士（情報工学）。

（検印省略）

2015 年 4 月 20 日　初版発行　　　　　　　　略称 — Excel 統計

Excel で考える統計学

著　者	山中 馨・天谷 永・望月雅光	
発行者	塚 田 尚 寛	

発行所　東京都文京区　　**株式会社　創 成 社**
　　　　春日 2 − 13 − 1

電　話　03（3868）3867　　Ｆ Ａ Ｘ　03（5802）6802
出版部　03（3868）3857　　Ｆ Ａ Ｘ　03（5802）6801
http://www.books-sosei.com 振　替　00150-9-191261

定価はカバーに表示してあります。

©2015 Kaoru Yamanaka　　　　組版：トミ・アート　印刷：エーヴィスシステムズ
ISBN978-4-7944-3163-9 C3033　製本：宮製本所
Printed in Japan　　　　　　　　落丁・乱丁本はお取り替えいたします。

———————————— 経済学選書 ————————————

書名	著者	種別	価格
Excel で 考 え る 統 計 学	山永　　馨 中谷　永 天望月　雅光	著	2,600 円
例 題 で 学 ぶ 統 計 的 方 法	井上　　洋 野澤　昌弘	著	3,000 円
サイコロを振って，統計学!	林田　　実	著	2,600 円
基 本 統 計 学	田川　正二郎 中村　博和	著	3,000 円
マ ク ロ 経 済 学 入 門	木村　正信	著	2,800 円
マ ク ロ 経 済 入 門 ― ケ イ ン ズ の 経 済 学 ―	佐々木　浩二	著	1,800 円
地 域 発 展 の 経 済 政 策 ― 日 本 経 済 再 生 へ む け て ―	安田　信之助	編著	3,200 円
「日中韓」産業競争力構造の実証分析 ―自動車・電機産業における現状と連携の可能性―	上山　邦雄 郝　燕書 呉　在烜	編著	2,400 円
現 代 経 済 分 析	石橋　春男	編著	3,000 円
マ ク ロ 経 済 学	石橋　春男 関谷　喜三郎	著	2,200 円
ミ ク ロ 経 済 学	関谷　喜三郎	著	2,500 円
福 祉 の 総 合 政 策	駒村　康平	著	3,000 円
入 門 経 済 学	飯田　幸裕 岩田　幸訓	著	1,700 円
マクロ経済学のエッセンス	大野　裕之	著	2,000 円
国 際 公 共 経 済 学 ― 国 際 公 共 財 の 理 論 と 実 際 ―	飯田　幸裕 大野　裕之 寺崎　克志	著	2,000 円
国 際 経 済 学 の 基 礎 「100 項 目」	多和田　眞 近藤　健児	編著	2,500 円
ファーストステップ経済数学	近藤　健児	著	1,600 円
財 政 学	小林　威光 望月　正光 篠原　正博 栗林　隆 半谷　俊彦	監修 編著	3,200 円

(本体価格)

———————————— 創 成 社 ————————————